灾难搜救技术指导丛书

地震灾害现场搜救行动技术

周柏贾　肖磊　张　煜　主编

应急管理出版社

·北　京·

内 容 提 要

本书紧密结合地震灾害特点，针对搜救行动技术要点作了梳理和深化，主要包括地震灾害现场的评估技术、搜索技术、营救技术、医疗急救技术、战勤保障技术等内容。

本书内容具有很强的综合性和实践性，适合作为地震灾害救援队技术指导用书，也适合为从事地震灾害搜救工作的管理人员和技术人员提供参考。

编　委　会

前　言

地震作为一种突发性强、破坏性大、社会影响深远的自然灾害，给人类带来了巨大的生命威胁和财产损失。面对地震灾害，有效的紧急救援行动至关重要。地震灾害救援行动是指在地震发生后，救援队伍迅速抵达灾害现场，对被困人员进行搜索、营救、医疗救护等一系列行动，从而最大程度地减少人员伤亡和财产损失。

本书是国家地震紧急救援训练基地的教官结合中国国际救援队、中国救援队参加联合国重型救援队测评和复测的经验与教训进行编写的。

本书全面系统地分析了紧急救援行动中的工作内容和相应要点，帮助地震灾害救援队更好地应对地震灾害现场的各种情况，有很强的普适意义。

本书在编写过程中参考和引用了大量行业现行技术标准、著作、图片和使用说明等资料，在此特向各位被引作者表示衷心的感谢。若本书存在未列出所引用的参考文献，还请其作者给予指正和谅解。

在本书编写过程中，编者根据多年执教经验，多次修改编写纲目，反复征求和吸收多方意见和建议，尽可能地保证本书的内容质量。但受限于时间和水平，难免有错误和疏漏，还望读者批评指正。

编　者

2024 年 8 月

目　　录

第一章 概 论

第一节 地 震 灾 害

一、地震灾害特点

地震是地球表层或地下岩石在自然或人为因素作用下突然发生断裂或错动，迅速释放出长期积累的应变能，形成地震波，并引起地面振动的自然现象。地震具有突发性、不可预测性和强大破坏力。地震在全球范围内分布不均，主要发生在板块边缘和断裂带附近，如环太平洋地震带（也称"火环带"）、欧亚地震带、海岭地震带等，这些地区地震活动频繁，灾害风险较高。

在人口密集、建筑物抗震能力不足的地区，地震可能导致大量人员伤亡。地震还会造成巨大的财产损失，包括房屋、基础设施（如道路、桥梁、水电站等）、工业设施和文化遗产的破坏。地震灾害会对社会秩序造成冲击，包括临时住所不足、食物和饮用水短缺、医疗资源紧张。地震可能导致地表破裂、山体滑坡、泥石流等次生灾害，这些灾害会破坏生态环境，影响土地的使用和自然资源。地震幸存者可能会遭受心理创伤，如创伤后应激障碍（PTSD）、焦虑和抑郁等，这些心理问题可能长期影响受灾者的生活质量。地震灾害具有以下特点。

（1）突发性比较强。地震发生得十分突然，猝不及防，事前有时没有明显的预兆，以致来不及逃避，造成大规模灾害。目前地震预报还处于研究阶段，大多数地震无法提前预报。因此，地震的发生往往出乎人们的预料，使得人们在没有组织和心理准

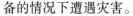

备的情况下遭遇灾害。

（2）破坏性大，成灾广泛。地震波到达地面以后能造成大面积的房屋和工程设施的破坏。若发生在人口稠密、经济发达地区，往往可能造成大量的人员伤亡和巨大的经济损失。

（3）社会影响深远。地震由于突发性强、伤亡惨重、经济损失巨大，它所造成的社会影响也比其他自然灾害更为广泛、强烈，往往会产生一系列的连锁反应，对一个地区甚至一个国家的社会生活和经济活动造成巨大的冲击。它波及面比较广，对人们心理上的影响也比较大，这些都可能造成较大的社会影响。

（4）防御难度大。与洪水、干旱和台风等气象灾害相比，地震的预测要困难得多。减轻地震灾害需要各方面协调与配合，需要全社会长期艰苦细致的工作，因此地震灾害的预防比其他一些自然灾害要困难一些。

（5）产生次生灾害。地震不仅产生严重的直接灾害，而且不可避免地要产生次生灾害。地震可能引起火灾、水灾、毒气泄漏、放射性污染、滑坡、泥石流、海啸、环境污染和瘟疫等次生灾害，有的次生灾害的严重程度大大超过直接灾害造成的损害。

（6）持续时间长。一方面，主震之后的余震往往会持续很长一段时间，也就是地震发生以后，在近期内还会发生一些比较大的余震，虽然没有主震大，但是也会造成不同程度的破坏，这样影响时间就比较长。另一方面，由于破坏性大，灾区恢复和重建的周期比较长。

二、我国地震活动特征

我国地处环太平洋地震带和欧亚（地中海—喜马拉雅）地震带交汇部位，受太平洋板块、印度板块和菲律宾海板块的挤压，地震断裂带十分发育。我国陆地面积约占全球陆地总面积的6.44%，而我国的地震活动却十分频繁，每年记录的地震数量约占全球大陆地震总数的1/3。我国是一个震灾严重的国家，地震

活动频度高、强度大、震源浅、分布广。

　　我国的地震活动分布区域十分广泛，除浙江、贵州两省外，其他各省（自治区、直辖市）都有 6 级以上强震发生，其中 18 个省（自治区、直辖市）均发生过 7 级以上大震，约占全国省（自治区、直辖市）数的 60%。台湾地区是我国地震活动最频繁的地区，1900—1988 年全国 548 次 6 级以上地震中，台湾地区发生了 211 次，占 38.5%。我国大陆地区的地震活动主要分布在青藏高原、新疆及华北地区，而东北、华东、华南等地区分布较少。我国绝大部分地区的地震是浅源地震，东部地震的震源深度一般在 30 km 之内，西部地区则在 30 ~ 50 km；而中源地震则分布在靠近新疆的帕米尔地区（100 ~ 160 km）和台湾附近（最深为 120 km）；深源地震很少，只发生在吉林、黑龙江东部的边境地区。

　　我国地震主要分布在五个区域：台湾地震区域、西南地震区域、西北地震区域、华北地震区域、东南沿海地震区域。

　　台湾地震区域位于环太平洋地震带，地处太平洋板块与欧亚板块的交界处，地震活动非常频繁，以浅源地震为主，时常发生有感地震。历史上曾发生过多次大地震，如 1999 年的 9·21 集集大地震。

　　西南地震区域主要包括云南、四川、贵州等地区，地震活动较为活跃，既有浅源地震也有中源地震，地震往往与该地区的地质构造活动有关。历史上发生过如 2008 年的汶川大地震。

　　西北地震区域主要包括新疆、甘肃、青海等地区，这一区域的地震活动与青藏高原的地质构造活动密切相关，地震频度较高。历史上发生过如 1932 年的甘肃昌马地震。

　　华北地震区域涉及省份包括河北、河南、山东、内蒙古、山西、陕西、宁夏、江苏、安徽等省（自治区）的全部或部分地区，地震强度和频度较高，是除青藏高原外全国地震活动最强烈的地区。该区域人口密集，经济发达，地震灾害影响严重。历史

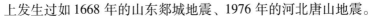

上发生过如 1668 年的山东郯城地震、1976 年的河北唐山地震。

东南沿海地震区域包括福建、广东、广西等沿海省份，地震活动相对频繁，以浅源地震为主，有时会受到海底地震的影响。历史上发生过如 1604 年的福建泉州地震。

这些地震活动区域覆盖了我国大陆的大部分地区，且每个区域的地震特点有所不同。例如，华北地区的地震因其强度和频度较高，加之该区域人口密集、经济发达，因此地震灾害的威胁尤为严重。

三、建筑物震害

地震发生时，建筑物倒塌是造成人员伤亡的主要原因。对于地震灾害救援中的建筑物震害，我们主要关注破坏严重、对人员生命可能造成伤害的建筑物破坏情况。

（一）钢筋混凝土框架结构和砖混结构房屋震害

在地震灾害救援中，钢筋混凝土框架结构房屋和砖混结构房屋是我们面对的主要房屋类型。按照其破坏后的现状以及可能采取不同的救援方法，可将钢筋混凝土框架结构房屋和砖混结构房屋的震害划分为如下类型。

1. 无规则倒塌

无规则倒塌属于完全倒塌类型，承重的墙体或柱遭受粉碎性破坏，地震荷载大大超出承重的墙体或柱所能承受的荷载。5 至 7 层的建筑物倒塌后往往变成 2 至 3 层高，倒塌没有方向性，梁、板、柱、墙体等构件无序排列，所形成的空隙很小，人生存空间也很小，救援难度最大。

2. 单斜式倒塌

单斜式倒塌属于完全倒塌类型，由于受某一方向地震力或其他外力的作用，房屋向某一方向完全倒塌。如果是框架结构建筑，梁、柱的刚度足够强，梁、柱、墙体未完全破坏，那么倒塌后就能够形成一定空隙，有一定生存空间，便于打通救援通道进

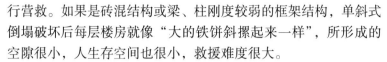

行营救。如果是砖混结构或梁、柱刚度较弱的框架结构，单斜式倒塌破坏后每层楼房就像"大的铁饼斜摞起来一样"，所形成的空隙很小，人生存空间也很小，救援难度很大。

3. 部分倒塌

根据建筑物倒塌部位不同，可以分为平面上部分倒塌和竖向上部分倒塌。平面上部分倒塌是指住宅楼的部分单元倒塌，办公楼或公用建筑在平面上部分倒塌，这种部分倒塌一般一塌到底，倒塌后下面所形成的空隙很小，人生存可能性也很小，但是在倒塌部分和未倒塌部分之间由于梁、柱、板的支撑可能形成生存空间。竖向上部分倒塌是指一栋房屋上部或底部部分楼层倒塌。上部部分楼层倒塌，在倒塌部分和未倒塌部分之间由于梁、柱、板的支撑可能形成生存空间；底部部分楼层倒塌可能形成一定的生存空间。

4. 楼梯倒塌

一般来说，由于楼梯的刚度和建筑其他部分的刚度有差异，地震中楼梯是容易发生破坏的部位，也是人员集中的部位。楼梯倒塌后，由于楼梯梁、板倒塌后纵横交错，能够形成一定的空隙，人员有一定生存空间。

5. 楼房薄弱层（底层或者中间转换层）倒塌

由于楼房在竖向上刚度不均匀，地震中存在楼房薄弱层倒塌现象。楼房薄弱层一般为底层或者中间转换层。楼房薄弱层倒塌后由于梁、柱、板、墙体的支撑可能形成 40～50 cm 高的空隙，人员有一定生存空间。

6. 严重破坏

在地震灾害中，有的建筑物会造成严重破坏，比如部分墙体倒塌、部分楼板掉落、部分梁柱破坏、部分基础破坏等现象。严重破坏的房屋建筑破坏现象千差万别，没有一定的规律，一般严重破坏的房屋建筑能够形成较大的空隙，方便救援，仅有很少部分严重破坏会造成人员伤亡。

（二）工业厂房及空旷房屋震害

在地震灾害救援中，工业厂房和空旷房屋也是经常面对的类型。按照其破坏后的现状以及可能采取不同的救援方法，可将工业厂房和空旷房屋的震害划分为如下类型。

1. 完全倒塌

完全倒塌是指工业厂房和空旷房屋完全倒平，维护墙和屋盖系统全部倒塌，柱子也倒塌或残留。工业厂房和空旷房屋由于室内有设备或坚固的座椅，可能有一定的间隙，人员有一定生存空间。

2. 屋盖倒塌

工业厂房和空旷房屋屋盖系统全部倒塌，维护墙和柱子未倒塌时，可能形成 V 形式倒塌，即屋盖中部倒塌落地，屋盖两边连接在屋盖上，也可能形成屋盖一边倒塌落地，一边连接在屋盖上。屋盖倒塌有一定的间隙，人员有一定生存空间。

3. 多层厂房倒塌

多层厂房倒塌类似于多层框架结构的倒塌情况，其破坏特征可以参考钢筋混凝土框架结构震害。

第二节　地震灾害救援队组成及职能

一、地震灾害救援队组成

地震灾害救援队大体可分为管理层和执行层，并按以下的组织结构组建，如图 1-1 所示。其中轻型队可根据实际情况一人兼多个职位。

地震灾害紧急救援工作面临着建筑物结构金属构件和钢筋含量大、建筑物废墟移除量大、受损建筑物潜在倒塌危险性大等诸多不利开展搜索救援行动的严重局面。因此，建立具有经过严格训练的高素质地震救援人员和配备先进搜索救援装备的地震灾害

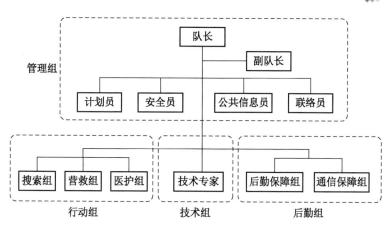

图 1-1　地震灾害救援队的组织结构图

救援队是十分必要的。地震灾害救援队应具备如下基本功能：

① 评估和监控受到损坏的建筑物和构筑物在救援期间的危险性；

② 监控地震灾害所波及的危险物质；

③ 实施人工搜索、仪器搜索和犬搜索等技术，搜索被困人员；

④ 熟练运用破拆、顶升和支撑等营救技术开展营救行动；

⑤ 为伤员提供紧急医疗处置、救治和转移。

二、地震灾害救援队岗位职责

地震灾害救援队的岗位与职责见表 1-1。

表 1-1　地震灾害救援队的岗位与职责表

序号	组别	岗位	职　责
1	管理组	队长	负责队伍的日常管理和救援行动中的组织指挥
		副队长	负责协助队长完成相关职责，队长不在时行使队长职责

表 1-1（续）

序号	组别	岗位	职　责
1	管理组	计划员	负责记录会议、事件信息和制定长、短期规划
		公共信息员	负责信息收集整理及向媒体发布救援信息
		联络员	负责以联络人身份参加现场指挥部工作会议，接受指挥部和上级领导的工作计划和行动命令
		安全员	负责搜救行动中的安全管理工作
2	行动组	搜索组	负责通过人工、犬、仪器等技术手段，开展生命探测、搜索与标识
		营救组	负责通过障碍物移除、支撑加固、破拆、顶升等技术手段，营救受困人员
		医护组	负责救援队员自身及搜救犬的健康，并对被救者进行紧急救护
3	技术组	危化品专家	负责评估危险危化物质等工作
		工程结构专家	负责向救援队提供建筑工程结构安全风险评估等工作
		起重专家	负责向救援队提供起重方案及技术支持等工作
4	后勤组	后勤保障组	负责向救援队提供食物、饮料、住宿和运输等保障
		通信保障组	负责开发并提供通信计划，维护通信设备

三、地震灾害救援队分类

地震灾害救援队分为轻型、中型和重型三类。

（1）轻型救援队具备在砖混建筑结构、轻型框架结构倒塌建筑物环境下进行搜索和救援的能力。轻型救援队规模一般不少于30人。

（2）中型救援队除具备轻型救援队行动能力外，还应具备在重型木质结构、无钢筋的砖石、有钢筋的砖石和脊型屋顶的混凝土结构建筑物倒塌和破坏环境下进行搜索和救援的能力。中型救援队规模一般不少于 60 人。

（3）重型救援队除具备中型救援队行动能力外，还应具备在钢筋混凝土或钢框架结构建筑物倒塌和破坏环境下进行搜索和救援的能力。重型救援队规模一般不少于 120 人。

地震灾害救援队能力分级见表 1-2。

表 1-2　地震灾害救援队能力分级表

功能	能　　　力	重型	中型	轻型
管理	队伍领导	√	√	√
	队伍配备安全员和警卫人员	√	√	√
	选择并任命执行任务的联络员	√	√	√
	建立地震信息搜集和灾害分析系统	√	√	√
	与现场行动协调中心和地方应急事务管理机构协调能力	√	√	
	能够启动临时接待、撤离中心和临时现场行动协调中心的运作	√	√	不要求
	对所有操作任务准备充分，并有详细的行动计划	√	√	√
	建立同地方政府主管部门交流灾害信息的机制	√	√	√
	通过虚拟现场行动协调中心同其他救援队伍交流信息	√	√	√
	完成并递交救援队伍信息资料	√	√	√
	正式的评估和搜救结果总结报告，并且每天能向虚拟现场行动协调中心及时更新	√	√	√
	按照相关要求确保救援人员得到培训	√	√	√

表 1-2（续）

功能		能　　力	重型	中型	轻型
保障	行动基地	饮用水储藏、过滤能力	√	√	√
		食品保障能力			
		人员和设备庇护所搭建能力			
		公共卫生保障能力			
		安全保障能力			
		维护能力			
	在请求援助后 2 h 之内出发		√	√	√
	执行任务期间能够自给自足		√	√	√
	在受灾地区持续工作时间		24 h/10 天	24 h/7 天	12 h/3 天
	运输工具（能够往返和在受灾区活动的空中或地面交通方式）		√	√	不要求
	队伍必须具备一定的沟通信息能力（队伍内部、队伍之间、国内）		√	√	√
	执行任务时互联网的畅通		√	√	不要求
	确保 GPS 的连接和使用畅通		√	√	√
搜索	人工搜索能力		√	√	√
	犬搜索能力		√	其中之一或两者	不要求
	技术仪器搜索能力		√		
	使用专业标记和信号系统能力		√	√	√
营救	破拆	从上向下穿透，进入狭小空间	√	√	不要求
		从下向上穿透，进入狭小空间	√	√	不要求
		横向穿透墙体，进入狭小空间	√	√	不要求

表1-2（续）

功能	能　力		重型	中型	轻型
营救	切割	混凝土切割能力	√	√	不要求
		结构钢切割能力	√	不要求	不要求
		合金钢切割能力	√	不要求	不要求
		木料切割能力	√	√	√
	升降和搬运	复合升降能力	245MTKit	50MTKit	不要求
		能够水平移动荷载的能力	2.5MTKit	1MTKit	不要求
		能够利用当地起重设备升降负荷能力	20MTKit	12MTKit	不要求
	支撑	脚手架和楔子支撑能力	√	√	√
		垂直门窗支撑能力	√	√	不要求
		斜向支撑能力	√	不要求	不要求
	绳索	建立并使用垂直升降系统能力	√	√	√
		建立并使用水平移动系统能力	√	√	√
	多点同时作业		4个作业点	2个作业点	1个作业点
	在受限空间内作业		√	√	不要求
医护	队伍和搜索犬医护		高级生命支持	高级生命支持	基本生命支持
	受困者的急救		高级生命支持	高级生命支持	基本生命支持
安全评估	建筑工程结构评估能力		√	√	不要求
	危化品检测能力		√	√	不要求
	危化品隔离能力		√	√	不要求
	地震引发的其他次生灾害评估能力		√	√	√

第三节　地震现场救援行动

一、准备阶段

救援队领受任务后一到救援现场即进入准备状态，这时救援队队长应命令救援队员走访群众、搜集信息，还应要求结构专家对废墟进行初始评估以及营救队员准备器材。根据所搜集的信息和专家的评估报告，指挥员决定救援队进入搜索状态或是撤离状态。如分析搜集来的信息和评估报告后，认为可能存在生存的受难者，则进入搜索状态，否则救援队进入撤离状态。

准备阶段的业务环节，主要包括以下六个方面。

（一）领受救援任务

救援队队长应到现场指挥部领受救援任务，并从现场指挥部（以及上级部门）得知相关信息（地震概况，当地宗教习惯等）；同时要向现场指挥部报告本救援队的人员组成和装备配置情况，并沟通以下问题：①灾害造成的建筑物损坏情况；②受难者数量，受难状态；③救援队受领的任务，责任区域；④现场的道路、通信（市话、长话、移动电话、计算机网络）、供电（动力电、照明电）、供水等条件的现状；⑤现场1∶500地形图，有关楼房的建筑平面图；⑥熟悉现场情况的向导；⑦灾区相关社情民风（民族、宗教、习俗、建筑特点等）。

（二）快速勘查外围

先遣队（包括救援队员、结构专家等）到达现场后，结构专家快速地勘查全场，一般遵循"每栋建筑物的勘查时间最多不超过5～10 min"的原则，以快速确定可能存在幸存者的地方。

第一步，确定救援工作区，组织人员进行封锁；第二步，进行勘查与评估并绘制草图，内容包括：①工作区方位、边界、接合部划分；②工作区建筑物的数量、分布、结构类型、层数等；

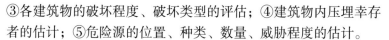

③各建筑物的破坏程度、破坏类型的评估；④建筑物内压埋幸存者的估计；⑤危险源的位置、种类、数量、威胁程度的估计。

（三）进行场区划分

将现场所有的建筑物按照自然位置进行场区划分。

（四）收集群众信息

从现场群众中收集的建筑物用途、地震时人员位置、失踪人员可能被压埋位置等信息，是对建筑物进行搜索排序的重要依据。

（五）保护现场

保护现场旨在为灾害现场内的救援人员、围观者、受害者提供尽可能的保护（减轻危险），包括设置警戒区等措施。

（六）选择工作区

根据搜集的信息（占有率、倒塌机理、发生时间、前期情报、可利用资源和建筑物的结构稳定条件等）进行优选排序。

二、搜索阶段

救援队队长选定某一个场区下达搜索指令后，救援队进入搜索状态。首先，搜索行动需要进行防化侦检和进一步的结构安全评估，当搜索队员展开搜索时，结构专家指导营救队准备可能用到的营救器材。当现场存在化工厂、学校化学实验室等可能产生化学危害的建筑物时，在展开搜索行动以前，需要使用专门仪器对毒气和可燃气体进行检测。对于不能确保已断电的建筑物也要进行漏电检测。

然后，救援队长下达概略搜索指令，搜索人员按照指令进行概略搜索并在完成概略搜索后向救援队长汇报结果。若没有发现存在受难者的线索，则由救援队长决策是否进行更进一步的搜索，通常会转移到其他的搜索区域；若发现存在受难者的线索，救援队长应根据废墟的特点选取搜索仪器，下达深入搜索指令。搜索人员按照指令进行深入搜索（主要采用仪器搜索），并在深

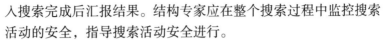

入搜索完成后汇报结果。结构专家应在整个搜索过程中监控搜索活动的安全，指导搜索活动安全进行。

在搜索工作结束后，如发现受难者，则救援队队长应组织营救，救援队进入营救状态；否则队长下达撤离指令，救援队进入撤离状态，撤离现场。

三、营救阶段

确定受难者位置后，救援队自动进入营救状态。营救工作首先需要评估结构的营救安全，制定营救计划（包括划分营救工作区），然后分三个阶段实施——创建通往受难者的通道、原地救治和转移受难者到安全地点。所有场区的工作完成后，救援队进入撤离状态。

营救行动包括评估营救场地、制定营救计划、划分工作区、安排轮休、创建安全通道、原地救治受难者、移出受难者、全程安慰受难者等多个执行过程。各个执行过程的描述如下。

1. 评估营救场地

在营救前需要对营救场地进行评估，包括幸存者所在废墟的稳定性、危险物质、营救过程可能产生的安全问题、环境条件与旁观人员等方面的情况。

2. 制定营救计划

营救小队长根据幸存者的搜索定位信息、现场评估结果、营救人员数量、设备配置及现场可利用资源等情况，制定营救工作计划，以保证现场营救工作能够有序地进行。

3. 划分工作区

营救场地工作区划分的目的是实现现场资源利用的高效性和保证营救操作的安全性。现场工作区划分为营救工作区域和危险区域、值守岗位及其地点设置区、医疗救治区域、营救设备及支撑材料安放区、移出建筑垃圾堆放区、进入/撤离路线和安全地带等。

4. 安排轮休

由于营救工作可能过程长、强度大，长时间工作会降低效率，容易发生事故，所以应该每隔一段时间安排营救小组进行轮换休息。

5. 创建安全通道

通过移除建筑垃圾、破拆建筑材料、支撑稳定废墟构件来创建通往被困受难者"空间"的通道。通道的创建过程中应随时评估其当前安全状况，预测每一操作步骤可能引起的条件变化并做好相应的应变准备。通道空间的大小应满足将受难者移出的条件（如果搜索小组已搜索完毕其他废墟，应该回来协助营救队员创建通道）。

6. 原地救治受难者

通过创建通道抵达受难者"空间"后，应先对其进行基本的生命维持与医疗处置工作，以增加其生存的机会。

7. 移出受难者

根据受难者所在位置的不同，选用不同类型的担架和其他辅助设备（绳索等）将受难者从受难地点移送至安全地带，然后应将其送抵可进行更高级医疗护理的场所。

8. 全程安慰受难者

为了增强受难者的精神抵抗力，使其更好地配合营救人员的解救工作，应在现场营救的整个过程中对受难者进行安慰。

四、撤离阶段

救援队完成救援工作后，需要做到以下七点：①保留现场记录；②收拢救援队人员，清点人数，确保全部到齐；③收回救援工具、装备、器材及所有物资，进行清点登记；④拆除帐篷、临时设施，恢复原貌；⑤妥善处理垃圾，不致污染环境；⑥归还借用物品，对已消耗的资源向当地政府作出说明；⑦按照进入的机动方式进行转移/撤离（按与来时相反的顺序撤回）。

　　救援队长应撰写救援队执行任务的报告，报告其任务完成情况。队长也应向现场指挥部报告其任务完成情况。制定撤离计划，该计划包括在开始返回前必须完成的工作以及撤离时间表。移交捐赠的设备和物资并将相关资料存档。采取必要的卫生预防措施，对基地进行彻底的清理。清点、检查所有的工具和设备，安排返程运输事宜。医疗人员应对队员的总体医疗和身体状况作出评价，向队长提供有关撤离的建议。

第二章　现场评估技术

第一节　大范围评估

一、大范围评估目的

大范围评估是指对受灾区域或分配区域进行初步调查，其目的是：确定灾害的范围和大小；确定建筑物破坏的范围、地点和类型；评估紧急资源需求；制定地理分区计划；确定工作的优先顺序；明确各种常见危险；明确基础设施问题；明确行动基地的可能选址。一般情况下，大范围评估通常采用乘坐车辆、直升机、水路工具或步行进行评估或利用其他机构（如地方应急管理机构）的报告实现，是对受灾区或所分配区域进行初步快速的视觉观察。执行大范围评估任务的队伍必须保持机动性，不涉及救援行动，并需尽快上报结果。

当地应急管理机构通常会在队伍到达前完成这些任务并向队伍提供全部或部分信息。假如任务没有完成，重新开展将是有益的，可由地震灾害救援队中的评估人员进行这项工作。

大范围评估的工作产出包括分区计划方案、确定常见危险、初步派遣队伍的区域。

二、制定分区计划方案

地震灾害破坏范围有可能是一个城市，也有可能是多个城市。对受灾地区进行地理分区可以确保有效地协调搜索和救援力量。分区处理可以制定更好的行动计划，为即将到达的其他救援队伍进行更有效的行动部署，更好地全面管理救灾事件。地理分区的规模和数量将取决于资源水平和受灾地区的需求、工作量、地理区域和特点、救灾响应规模等因素。

　　地震灾害发生后，要尽早开始地理分区。地方应急管理机构应当制定一项地理分区计划，救援队伍应当遵循这项计划。如果分区计划尚未制定，那么救援队伍应在救灾的最早阶段制定这一计划，并与地方应急管理机构密切联系。假如地方应急管理机构没有分区计划，那么就需要开展大范围评估以获得相关信息来制定分区计划。地震灾害救援队可以使用现有资源，如卫星影像、航空摄影、社交媒体信息等，进行快速灾情评估。基于地理区域、地理特征、灾情严重程度、交通状况和救援队伍的可达性，将受灾区域初步划分为几个主要区域，如图2－1所示。

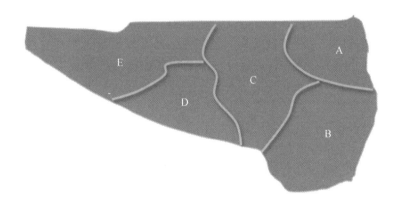

图2－1　分区计划示意图

　　国际搜索与救援指南中分区体系采用简单的字母对每一个区域进行编码，A、B、C、D，依次往下，如图2－2所示。当地名称或表述同样可以被加到编码中进一步明确，如：巴东北A区。如果地方应急管理机构有自己的分区编码体系，如：1、2、

3 或红、蓝、绿等，则应该在后续工作中采纳和遵循。

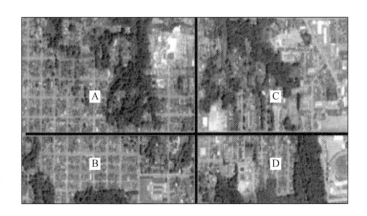

图 2-2 分区编码示意图

可以基于街道和城市街区布局对受灾区域进行分区，也可以按显著的地理特征对受灾地区进行划分。例如，A 区河流以北，B 区河流以南，如图 2-3 所示。

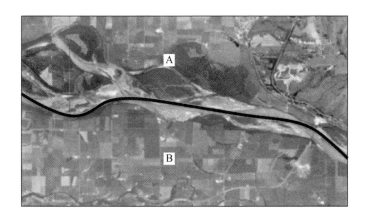

图 2-3 地理分区示意图

三、侦察要素

在进行大范围评估时，侦察要素是指为了全面了解灾情、确定救援需求和优先级而进行的各项调查和观察活动。这些要素涵盖了灾情概况、基础设施状况、建筑物评估、医疗需求、物资和资源需求、环境与卫生状况、次生灾害风险、社会状况与心理状况、救援通道和限制、信息与通信，以及行动基地和后勤等多个方面。

首先，灾情概况是侦察的起点，它包括灾害的类型、规模和影响范围，以及受灾人口和潜在伤亡情况。其次，基础设施状况的侦察涉及交通系统的状况，如道路、桥梁、隧道等是否畅通，以及供水、供电、供气、通信网络等基础设施的损毁情况。建筑物评估则关注建筑物破坏的范围、地点和类型，确定建筑物的结构完整性、损毁程度和安全状况，以及可能被困人员的数量和位置。医疗需求的侦察包括受伤人数和伤情严重程度的统计，以及医疗设施的可用性和损害情况。物资和资源需求的侦察旨在确定食品、水、药品、帐篷等救援物资的需求量，以及救援设备和工具的可用性。环境与卫生状况的侦察关注污染情况，如有害物质泄漏、水质污染等，以及疾病传播风险和卫生设施的破坏情况。次生灾害风险的侦察则包括可能发生的次生灾害，如余震、山体滑坡、洪水等，以及这些灾害的影响范围和潜在风险。社会状况与心理状况的侦察关注受灾群众的心理状态和社会秩序，以及社区组织和志愿者资源的可用性。救援通道和限制的侦察则涉及救援队伍进入灾害现场的通道和障碍，以及现场作业的安全限制和危险区域。信息与通信的侦察包括现场信息的收集、处理和传递能力，以及通信网络的状态和恢复情况。最后，行动基地和后勤的侦察旨在确定建立行动基地的潜在地点，以及后勤保障能力，包括食物、住宿、燃料等。

这些侦察要素的收集依赖于现场观察、遥感技术、地理信息系统（GIS）、当地政府和应急管理部门的报告，以及社区和受灾群众的反馈。通过综合这些信息，救援队伍能够制定出有效的救援计划和行动策略，确保救援行动的有序和高效进行。

四、确定常见危险

地震灾害现场往往伴随着多种危险，这些危险不仅威胁着受灾群众的生命安全，也给救援工作带来极大挑战。地震灾害现场的常见危险包括建筑物倒塌、悬挂电线、燃气泄漏、电力危险、次生灾害、水源污染、建筑物二次倒塌风险以及疾病传播等。

（1）建筑物倒塌是最直接和常见的危险之一。地震导致大量建筑物结构受损，甚至完全倒塌。这会对被困人员造成严重伤害，同时也给救援人员带来救援难度。

（2）悬挂的电线和裸露的电缆在地震中可能被扯断，造成触电风险，对于行人和救援人员都是潜在的威胁。

（3）地震可能导致燃气管道破裂，泄漏的燃气一旦遇到火源，极易引发火灾或爆炸。

（4）受损的电力设施如果没有及时切断电源，也会增加触电和火灾的风险。

（5）地震还可能引发次生灾害，如山体滑坡、泥石流等。这些灾害会进一步破坏道路和桥梁，阻碍救援通道，同时对处于危险区域的人员构成生命威胁。

（6）水源污染也是一个严重的问题。地震可能导致化学物质泄漏或污水系统破坏，污染饮用水源，引发公共卫生危机。

（7）在救援行动中，还需注意受损建筑物的结构稳定性。即便是看似稳固的建筑物，也可能在余震中发生二次倒塌，对救援人员和受灾群众造成伤害。

（8）由于地震灾害现场的混乱，疾病传播的风险也会增加，尤其是在受灾群众集中安置的区域。

综上所述，这些危险需要救援队伍在执行救援任务时给予高

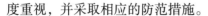

度重视，并采取相应的防范措施。

在大范围评估过程中，确定地震灾害现场的常见危险是一项复杂而细致的任务。首先，可以利用遥感技术和地理信息系统（GIS）对受灾区域进行初步分析，通过高分辨率影像识别出倒塌的建筑物、断裂的道路和可能的次生灾害风险区域。然后，救援人员分区侦察，进行目视检查，直接观察和记录每个区域内的危险情况，如悬挂的电线、泄漏的管道和受损的桥梁。

同时，可以派遣工程专家和环境专家，对关键基础设施和建筑物的结构稳定性进行专业评估，并检测空气、水质和土壤，以识别有害物质泄漏和环境污染问题。此外，地震灾害救援队可以与当地社区成员和幸存者进行深入访谈，收集他们对危险区域的了解和观察，同时鼓励志愿者和社区救援人员报告他们发现的危险情况。

为了系统性地管理这些信息，救援队伍可以制定一个包含各种潜在风险的危险清单，并根据危险的可能性和严重性进行等级划分。通过整合收集到的数据和信息，对受灾区域的危险状况形成全面了解，并通过实时报告系统，将危险信息迅速传达给指挥中心，确保所有救援队伍都能及时获取更新。

在整个评估过程中，救援队伍持续监测已识别的危险区域，注意任何可能的变化或新的危险出现，并根据救援行动的进展，不断更新危险信息。这一系列措施确保了救援人员能够在了解和防范常见危险的基础上，安全、有效地执行救援任务。

第二节 行动安全评估

一、环境安全评估

（一）建筑物及周边环境安全评估

现场搜救行动前，需要了解救援周围环境及其本身安全性。

（1）观察并了解埋压人员建筑物周围是否存在崩塌、滑坡、泥石流、洪水等潜在危险因素。

（2）观察并了解埋压人员建筑物周围破坏建筑物对施救建筑物的安全影响，施救建筑物周围有毒有害气体、火灾等对施救建筑物安全影响。

（3）观察并了解埋压人员建筑物本身有毒有害气体、电、水、火等危险因素。在实施救援前确保停水、停电、停止供气。特别是在工厂、实验室等存有有害物质的房屋建筑救援中，更要详细了解有害物质存放位置及对人的危害性等。

（二）作业安全性评估

要确保现场作业的安全性，就要对现场环境存在的以下五种危险因素进行评估。

1. 可燃易燃气体物质评估

地震往往会造成城镇地区地下燃气、输油管道破裂泄漏，积聚的可燃气体和暴露的易燃物质有可能引发爆炸或爆燃。这种危险将带来大面积伤害，应优先进行评估。救援现场常见的可燃气体有煤气泄漏产生的一氧化碳、天然气泄漏产生的甲烷和排污管道废液产生的硫化氢。这些气体均为无色气体，肉眼难以察觉。在某些相对封闭的空间中，气体与空气混合达到一定浓度后，遇明火爆炸，如一氧化碳的爆炸下限为 12%，甲烷的爆炸下限为 5.3%，硫化氢的爆炸下限为 4.3%。当救援队员检测到现场存在类似气体且达到爆炸下限浓度时，应立刻采取排险手段或及时撤离现场。除以上常见可燃气体外，现场还可能存在一些其他易燃物，如汽油、煤油、柴油、乙醇、油、香蕉水等。救援队员可以肉眼识别，当发现该类物品发生泄漏时，同样需要采取排险措施并谨慎进入现场。

2. 氧气含量评估

救援队员进入某些特殊现场时，还要注意检测空气中氧气含量是否足够。正常情况下空气中安全的氧气浓度为 19.5% ～

23.5%，当空气中的含氧量低于18%就会出现危险。救援队员在地下室或竖井等狭小空间现场作业时，空气不良、通风不畅，相对密闭的空间内如果有钢铁物料遭氧化或与现场污水内的有机物、无机物产生化学作用，都有可能导致氧气不足情况出现。在一些天然气气体泄漏严重的区域或地下排污管道附近作业时，还会出现现场氧气被其他气体（主要是甲烷）替代的情况，导致空气含氧比例下降，此时救援队员会因缺氧导致眩晕，严重时甚至会出现窒息。

3. 漏电评估

地震会对城市公共输电线路和建筑内的电路电气设备造成破坏，往往会导致漏电的情况发生。救援队员要注意观察现场裸露的电线、插座及变电设备，尤其是在出现透水或存在积水的现场，因为漏电源可能浸没在水面下或通过水介质远程导电，救援队员无法直接观察到，危害性更大。国内外都出现过救援队员在涉水现场触电死亡的案例，因此面对这种现场，救援队员要谨慎进入，确认无漏电源后再展开下一步行动。

4. 化学有害物质评估

实验室里的化学药品、仓库里的危化品以及工厂车间的化学原料都有可能在地震中造成扩散或泄漏。当救援行动区域内存在该类场所或设施时，救援队员还要对其进行初步侦检识别。如无法判断其危害程度，应请求随队的危化品专家进行进一步确认排查，直至确认危险解除方可展开下一步行动。

5. 核辐射有害物质评估

在极端情况下，救援行动区域内的大型核能核电设施也会遭受地震破坏。例如日本"3·11"特大地震造成福岛第一核电站泄漏，因此救援队需要密切关注该类设施是否泄漏及其危险可控程度。如确实发生场外泄漏，则需按预案做好撤离该区域准备。另外，随着辐照技术在食品消毒、医学检测以及工业勘探等领域的普及应用，全国拥有放射源的单位已超过1万家（放射源超过 14 万枚，其中 7 万多枚在用），在特殊情况下，救援现场内可能会存在小型放射源泄漏，如不及时排查，将会对现场的救援队员造成严重的辐射伤害，最危险的放射源在几小时内就可以造成人员伤亡，因此救援队员进入现场前也要检测是否存在危险辐射源，并依据结果采取有效的防护措施。

二、建筑物安全评估

救援中的建筑物安全评估是明确救援中的建筑物安全程度，分析安全威胁来自何方、安全风险有多大，确保救援安全保障工作应采取哪些措施等一系列具体问题的基础性工作。

救援中的建筑物安全评估，从理论上讲，不存在绝对的安全，实践中也不可能做到绝对安全。风险总是客观存在的。盲目追求安全而耽误救援和完全回避风险而盲目救援都是不科学的、不可取的。

救援中的建筑物安全评估要从实际出发，突出重点，正确地评估风险，以便采取有效、科学、客观的措施。

（一）建筑物倒塌类型

灾害现场受损建筑物可以分为倾斜式倒塌、叠饼式倒塌（层叠式倒塌）、堆积式倒塌、倾倒式倒塌、局部破损式倒塌五种类型，如图 2－4 至图 2－8 所示。一个建筑物的倒塌类型可能不止一种，如叠饼式倾斜式倒塌。

(a) 单层结构倾斜式　　　(b) 多层结构倾斜式　　　(c) 多层结构多米诺式

图 2－4　倾斜式倒塌

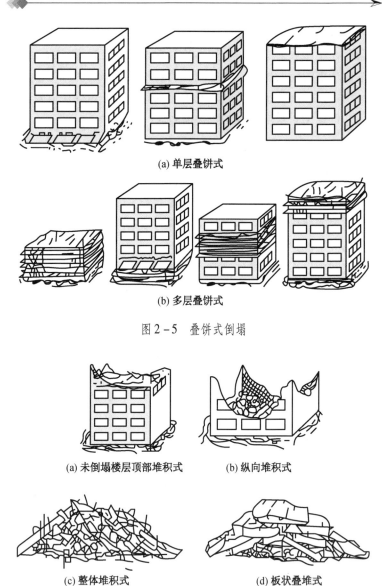

(a) 单层叠饼式

(b) 多层叠饼式

图 2-5 叠饼式倒塌

(a) 未倒塌楼层顶部堆积式　　(b) 纵向堆积式

(c) 整体堆积式　　　　　　(d) 板状叠堆式

图 2-6 堆积式倒塌

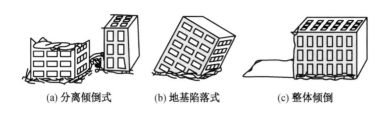

(a) 分离倾倒式   (b) 地基陷落式   (c) 整体倾倒

图 2-7 倾倒式倒塌

图 2-8 局部破损式倒塌

（二）施救中建筑物安全评估内容

（1）首先，进行外部环境安全评估，例如：施救位置是否可能遭受泥石流、崩塌、滑坡等灾害威胁；附近是否存在遭受破坏的油库、加油站、易燃易爆的化学工厂等；附近是否存在可能遭受破坏而影响救援的建筑物等。

（2）其次，进行总体安全评估，依据建筑物破坏情况，分析建筑物现状情况下或遭受外力下整体再发生破坏的可能，例如

倒塌方向、影响范围等。

（3）再次，进行救援部位的局部安全评估，具体包括施救过程中有关构件的安全情况、支撑情况等。

（三）施救中建筑物安全评估方法

地震灾害救援现场的建筑物破坏各种各样，埋压人员的建筑物一般是破坏严重或倒塌的建筑。施救中建筑物安全评估实质是风险评估，也就是分析在救援中的安全风险。在安全风险评估过程中，有四个关键的问题需要考虑：①确定面临哪些潜在安全威胁；②评估安全威胁发生的可能性有多大；③一旦安全威胁事件发生，会产生什么影响；④应该采取怎样的安全措施才能确保救援人员和被救人员的安全。

建筑物安全评估以经验为主，但是经验来源于科学认识，在施救中应了解建筑物的以下四种情况：①地震救援中许多建筑结构处于暂时稳定状态，明确可能引起二次破坏并对救援产生危险的部位，根据情况确定需要支撑加固的部位；②对于部分倒塌的建筑和附近有破坏的建筑，进行救援时，要评估可能掉落物品的危险性；③施救中撤掉的支撑需要补上；④施救中对可能产生危险的建筑物和构件进行必要的观测、监测。

三、行动安全管理

在地震救援行动中，保证营救人员和被救人员的安全是营救行动的基本原则。履行安全营救程序、遵守安全操作规范、安全迅速将被困人员救出并将救援行动的危险降到最低限度是营救行动的基本要求。

（一）建立撤离通道和营救通道

（1）救援前首先准备救援队员的撤离通道和安全位置。

（2）尽量利用废墟内现有空间建立通道。

（3）遇到障碍时，利用设备采取破拆、顶升、凿破等方式开辟通道；在清理通道过程中要进行支撑和加固。

（二）地震救援安全管理

（1）全体队员必须树立"安全第一"的意识，救援队长是第一安全责任人。

（2）必须对救援现场进行安全评估，明确救援行动方案后才能进入。

（3）设置安全员，安全员应设在能够通视全局、离队长位置较近的高处，随时向队长报告险情，紧急情况下可直接发出警报指令，队员必须听从安全员指挥。

（4）救援队员需配备头盔、口罩、手套、靴子等个人防护装备。

（5）遇到危险及时撤离，重新评估后才能进入。

第三节 工作场地优选

一、工作场地优选的目的

工作场地优选的目的是评估倒塌的结构并确定可行的现场救援位置。现场搜索与救援协调单元将使用信息以明确任务的优先顺序并决定将哪些队伍分配给哪些地点。在确定工作场地优先顺序时，一个非常重要的参考因素就是优选分类。

优选分类过程的目的是评估分类因素，以比较倒塌的建筑物并确定优先级顺序。分类的关键是分类因素比较的一致性。

二、第一优先次序：通过受害者信息分类

工作场地优先分类的顺序取决于受害者的信息：确定有幸存者的数量、可能有幸存者的数量和只有遇难者。确认有幸存者的所有工作场地应首先进行救援，其次是可能有幸存者的结构区域。受害者人数最多的工作场地是最高优先级。只有遇难者的建筑物是最后开展行动的区域。

为了帮助决定哪支队伍前往哪个地点，分类评估队伍需要评估行动的持续时间。只有当评估人员了解受害者的位置时，才能评估其持续的时间。持续时间将取决于建筑结构，包括材料和尺寸及需运用的装备和知识。评估应基于队伍的总体能力，并且始终是粗略的评估。搜索与救援协调单元收集所有已确认和可能幸存者的信息，不收集所有遇难者信息，只收集幸存者相关的信息。

以上分类策略产生以下四种分类，见表2-1。

表2-1 优选分类表

优选分类	被压埋人员信息	预计行动持续时间
A	确定有幸存者	少于12 h
B	确定有幸存者	超过12 h
C	可能有幸存者	不需要评估
D	只有遇难者	不需要评估

工作场地优选分类按照图2-9所示开展分类，下列定义可以用于工作场地的优选分类。

（1）确定有幸存者，意味着评估队伍确定倒塌的建筑物中有人幸存。

（2）可能有幸存者，意味着建筑物内可能有生还者，但评估队无法确认是否活着甚至还在建筑物内。可能有幸存者的例子是旁观者报告失踪的人，或者在建筑物倒塌时，学校正在上课。

（3）只有遇难者，意味着没有幸存者，但是地方应急管理机构可以派队伍到场地寻找尸体。

三、第二优先次序：通过建筑物信息和救援行动相关信息

如果地震灾害救援队需要使用其他信息按优先级顺序列出工

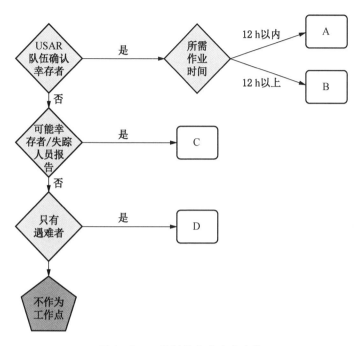

图 2 - 9　工作场地优选分类流程

作场地，则可以使用与建筑物和救援行动相关的信息。下面列出了有用信息的示例，但没有放在优选类别中，以避免优选分类变得复杂。

建筑物相关信息包括以下内容。

（1）建筑物用途，如家、办公室、学校、医院等将提供可能被困受害者的指示。

（2）场地大小（占地面积和楼层数），建筑物越大，救援行动时间越长。

（3）建筑物类型越多，建筑材料越重，救援行动时间越长。

（4）建筑物倒塌类型。

（5）局部空间信息。根据建筑物倒塌分类信息，局部空间信息也可以作为一个重要议题。大空间是指一个人能够爬行的空间。幸存者在大空间内的生存概率大于小空间。在这里"大"是一个相对的概念，例如对于儿童来说的大空间会小于对成人来说的大空间。小空间是指一个人在其中很难移动，且只能平躺等待帮助。在小空间里，被困者受伤的概率更大，因为很难有空间躲避掉落的物体和倒塌的建筑物结构部件。

救援行动相关信息主要包括资源可用性和场地的距离。资源越有限，救援行动持续时间越长。队伍离场地越远，救援行动持续时间越长。

第四节　工作场地标记

一、工作场地标记作用

在地震灾害紧急救援行动中，标记系统是很重要的一项工具。救援队可以通过标记系统向其他队伍和场地工作人员展示并共享重要信息。标记系统同样作为一项机制来加强队伍间的协调并将重复工作减到最少。为了在一个事件中最大化地发挥标记系统的作用，确定并统一使用单一的标记方法就显得非常重要。为了保证其有效性，标记系统必须被应用于所有的响应者，并且需要具有简单易用、易于理解、节约资源、省时、传达信息高效、可持续应用等特点。

当搜救区域范围很大时，每次中断或完成了某个灾害现场的搜救工作，搜救队员都必须在该灾害现场做好标记，标记应明确、易懂。工作场地标记可以使搜救队伍相互之间进行沟通，说明当前的救援工作现状，从而避免重复劳动。即便是一支救援队被拆分为小组或分组，也能及时掌握当前的救援形势。工作场地标记体现两方面内容：一方面该场地已被确定为可行的工作场地；另一方面是沟通哪些队伍在建筑物中完成工作。

工作场地标记被视为现场搜索救援协调系统的重要组成部分，因为它简单地显示了关键信息，也很容易被识别为工作场地。

二、工作场地标记方法

工作场地标记应放在倒塌建筑物外部入口附近，在倒塌建筑物前面（或尽量接近）或工作场地的主入口，从而提供最佳的可视效果。虽然是必需的关键信息，救援队伍可以行使酌情权，并适应这些边界内的环境影响。同时仍保持一个通用的，有效的，一致的标记系统。

工作场地的标记应采用能够明显区分于建筑物表面的颜色，以确保其在任何时间都能清晰可见，如图2-10所示。

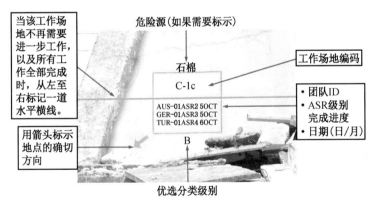

图2-10 工作场地标记方法

某一救援场地经过分类成为工作场地后，应在初始地理分区评估期间应用工作场地标记。此类标记应绘制在工作场地的前方（或尽可能地靠前）或其主要入口处。在进行工作场地标记时应采用下列方法。

（1）画一个1.2m×1.0m的近似方框。

（2）可以画一个指示方向的箭头来确定工作场地的准确位

置或其入口。

（3）方框内应标示：工作场地代码；救援队代码；完成的评估、搜索与救援（ASR）级别；完成的日期。

（4）方框外应标示：任何需要鉴定的危险源，如石棉，标示在最上方；优选分类级别，标示在最下方。

（5）随着 ASR 级别的进一步推进，更新队伍代码，完成ASR 级别和日期。

（6）随时更新失踪者人数、生还者人数和遇难者人数。

（7）队伍可使用以下材料：自喷漆、建筑蜡笔、贴纸、防水卡片等。

（8）工作场地代码应使用高约 40 cm 大小的字体。

（9）队伍代码、ASR 级别和日期应当用小一些的字体，例如 10 cm 左右。

（10）标记颜色应清晰可见，并与背景颜色对比鲜明。

（11）当工作场地的工作全部完成并且不再需要进一步行动时，需要在整个工作场地标记中画一条水平线。

如果救援队认为需要在现场留下重要的附加信息，可运用简明扼要的语言在工作场地标记中加入相关表述。这些信息以及其他相关信息应被记录在工作场地优选分类表或工作场地报告表中，并且通过信息管理程序报送。

三、工作场地标记示例

以下通过示例来介绍工作场地的标记方法，如图 2 - 11 所示，澳大利亚 1 队已于 10 月 5 日在工作场地 C - 1 内的特定区域C - 1c 完成了 ASR 2 级别评估。之后，德国 1 队于 10 月 5 日在工作场地 C - 1 内的特定区域 C - 1c 完成了 ASR 3 级别评估。标记中添加了一个箭头，以明确表示 C - 1c 位于标记的左侧和下方。还以通俗易懂的语言添加了石棉危害警告。工作场地分类类别确定为"B"。

图 2 - 11　工作场地标记示例 1

当土耳其 1 队被指派在德国 1 队完成 ASR 3 快速搜救后，在 C - 1c 工作场地完成 ASR 4，如图 2 - 12 所示。土耳其 1 队于 10 月 6 日完成了 ASR 4 全面搜救行动。

图 2 - 12　工作场地标记示例 2

土耳其1队已在工作场地完成了 ASR 4 全面搜救行动，已确定该工作场地无须进一步工作，工作场地标记中间增加水平线，如图 2 - 13 所示。

图 2 - 13　工作场地标记示例 3

第三章　现场搜索技术

第一节　搜索技术概述

一、搜索技术定义

搜索技术是指在地震灾害或其他突发性事件造成建（构）筑物倒塌灾害发生时，搜救队伍针对现场的具体情况，综合运用人工搜索、犬搜索、仪器搜索等手段开展搜索行动应遵循的技术、方法、程序和步骤的统称。科学地运用搜索技术，可以有效地提高搜索效率，为营救行动快速、准确地提供被困人员的位置及其相关信息。

搜索队员应当明确搜索的目的，掌握如何给建筑物做标记、寻找幸存者并取得联系，以及确定幸存者位置的方法。搜索人员应该掌握的技能包括：收集搜索工作所需要的信息、确定在哪里能获得必要的信息（如家人、邻居）等、了解常用的几种搜索程序及掌握各种搜索方法。

搜索技术能让营救人员判定幸存者的位置，确定营救幸存者的方法，以便将幸存者救出，并转移到安全地方。开展搜救行动，必须有可供现场搜索人员使用的搜索设备以及周密的组织。搜索设备是搜索人员开展搜索的基本条件，使用精良的设备可更有效地进行技术搜索，搜索发现的信息必须能够以清晰可靠的方式传送给需要的人员，因此必须事先设计好信息的传送方式，包括一套基本的口令指令，以及倒塌建筑物现场不同地点的标记系统。

二、搜索评估

在开始搜索行动之前，首先要对该现场做出初步评估和判断，并搜集有关信息。通过搜集信息，对建筑物的类型和功能进行了解，有助于确定建筑物内可能幸存的人数以及所处的位置。例如，了解建筑物的类型及构造，如居民楼、医院、学校、工厂等，可以提供关于房屋内的预计人数信息，房屋内人数信息可以根据不同的时间进一步量化，如果地震发生在放学之后，则可以预计学校内的人数比平时少。常见场所建筑人均使用面积和建筑人员数量估算参见表3-1、表3-2。

表3-1　建筑人均使用面积

场　　所	人均面积（m²）	场　　所	人均面积（m²）
公共场所大楼	8	办公室	45
学校	20	多层住宅/商业	60
医院和商业	30	仓库	180

表3-2　建筑人员数量估算表

场　　所	人　员　估　算
学校	20～30人/每间教室
医院	1.5人/每间床位
住宅	2人/每间卧室
其他或未知空间	1.5人/每个停车位

在建筑物倒塌现场搜集人数或家庭数，可为搜救幸存者提供有效的信息。现场的第一目击者可提供最后看见受难者所处的位置、房屋布局和进出口通道等有价值的信息。在开始搜索行动之前和搜索工作中，搜索人员应确定建筑物倒塌产生的类型，以便

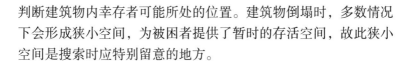

判断建筑物内幸存者可能所处的位置。建筑物倒塌时，多数情况下会形成狭小空间，为被困者提供了暂时的存活空间，故此狭小空间是搜索时应特别留意的地方。

三、搜索策略

在地震灾害发生后，迅速有效的搜索是救援工作的关键。科学地运用搜索技术，可以有效地提高对受困人员的定位效率、搜索行动的时效性、搜救人员的安全性、信息上报的准确性、营救方案制定实施的可行性、多支队伍（分队）的协作性。

不同的搜索策略适用于不同的救援阶段和环境条件，主要包括三种搜索策略：技术侦察搜索、快速搜索和分散搜索。

（一）技术侦察搜索

技术侦察搜索是一种在救援行动初期进行的搜索方法，其主要目的是对灾害现场进行初步评估。这种搜索依赖于先进的技术设备和专业知识，包括无人机、卫星遥感、生命探测设备等。技术侦察搜索的侧重点是安全评估，确保救援人员的安全，同时评估受灾程度、受困人员的大概位置和数量，以及基础设施的受损情况。这种搜索为后续的详细搜索提供了必要的信息和资源需求评估。

通过开展技术侦察搜索，可以快速、准确地评估情况，以便救援队伍能够有效地规划和实施救援行动，一般开展以下活动：使用无人机或其他遥感技术进行初步侦察，以获取灾害现场的整体情况，了解受灾区域的范围、受灾程度；派遣专业救援队伍进入灾害现场进行实地评估，收集更详细的信息，以寻找生命迹象为主，而不是具体位置；一般在一个广泛的区域开展搜索工作，以确定向哪个地区或建筑物派遣已到达现场的救援队伍；搜索过程中要时刻关注现场环境的安全性，包括建筑结构的稳定性、潜在的危险（如泄漏的气体、漏电等）以及可能发生的次生灾害

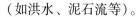

（如洪水、泥石流等）。

（二）快速搜索和分散搜索

快速搜索是一种迅速覆盖大面积区域的搜索方法，目的是在有限的时间内确定是否存在幸存者。这种搜索通常由较少的救援人员执行，他们以快速行进的方式搜索，重点关注容易发现幸存者的地点，如建筑物入口或出口附近。快速搜索的侧重点是速度和效率，救援人员在搜索过程中不会在每个地点停留过长的时间，而是标记出可能需要进一步详细搜索的区域。这种搜索方法适用于救援行动的初步阶段。

分散搜索是一种将救援人员分散到灾害现场不同区域，各自独立进行搜索的方法。这种搜索方法的目的是在关键区域进行更深入的搜索，确保没有遗漏任何幸存者。分散搜索的侧重点是救援人员被分散到更广泛的区域，以增加发现幸存者的机会。这种搜索方法通常在快速搜索之后进行，用于确认是否有幸存者被遗漏。

每种搜索策略在地震灾害救援中都有其独特的角色和重要性。技术侦察搜索为救援行动提供了重要的前期信息，快速搜索帮助救援团队迅速确定幸存者的可能位置，而分散搜索则确保了对关键区域的深入搜索。在实际救援行动中，应根据灾害现场的具体情况和可用资源，灵活选择和组合这些搜索策略，以实现高效且安全的救援。

搜索行动是迅速寻找被困在建筑物内或其他隐蔽空间的被困者，为营救行动提供被困人员的准确位置和相关信息。按照搜索方法与搜索策略分为人工搜索、犬搜索、仪器搜索和综合搜索。首先组织初步的人工搜索，以尽快发现地表或浅埋的被困者；然后进行犬搜索，以寻找被掩埋于废墟下的被困者；最后在人工搜索与犬搜索成果的基础上，对重点部位进行仪器搜索，以精确定位。

第二节 人 工 搜 索

一、人工搜索定义

人工搜索是地震灾害现场搜救行动中的一个重要环节，救援队员亲自进入灾害现场，通过视觉和听觉等方式寻找幸存者，在执行搜救行动过程中使用最频繁、最便捷的搜索手段，是救援队最基本的搜索能力。

二、人工搜索基本装备

人工搜索所需以下基本装备：①个人防护装备和急救包；②无线电通信设备；③标记器材；④呼救装备，如扩音器、口哨、敲击锤等；⑤搜索记录设备，如照相机、望远镜、手电筒等；⑥搜索表填写器材，如书写板、纸、笔、表格；⑦有毒有害气体侦检仪，漏电检测仪等。

三、人工搜索方法

救援初期，在倒塌建筑物废墟外面或可安全进入的建筑物内开展人工搜索，主要利用人的观感进行搜索。通过寻访幸存者，对所有在表面或易于接近的被困者进行快速搜索，搜索人员直接进入灾害现场或建筑物内，通过感官直接寻找被困人员。在搜索过程中可直接救出的立即救出，对需移动瓦砾或破拆工作方法才能救出的需做标记，并向救援队长报告。

（一）建筑物内搜索

在建筑物内开始人工搜索时，要形成搜索小组。搜索小组至少两人，因为这样队员能互相照应，在发现被困者时可以提供有效的协助。执行入口管制措施，并在行动前通知入口指挥开始搜索。

在进入搜索区域前应选定入口作为起点，并定出搜索方向（靠左或靠右），并留意楼宇四周的环境，使在楼宇内外望时能辨别方向。如选择靠右，则应一直靠右直至完成搜索为止。此方法可以避免错漏和确保搜索小组能由入口离开。如果两组搜索人员同时搜索一层楼宇，一组可以靠右搜索，而另一组则可以靠左搜索。当两组相遇时可以采用下列其中一种方法：各自折回；继续前行，重复搜索；并肩搜索楼宇的中央部分。如途中因任何原因而须中止搜索，可由原路撤回。当完成搜索后应正确地标记区域，通知现场指挥官有关结果。

在搜索单一楼宇单位时可采用下列方法，如图3-1所示。

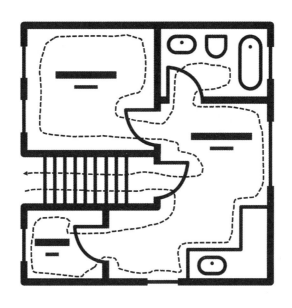

图3-1　建筑物内搜索

（二）倒塌建筑物废墟搜索

建筑物倒塌的情况下，必须在废墟中仔细搜索被困者。很多时候灾害现场面积大，如果逐一区域搜索，可能极为耗时，因此应尽量从所得的数据中，集中搜索被困者可能被困的位置。在过往的经验中，被困者很多是被石块、砖、墙、家具压着的，使用队列扬声搜索是搜寻被埋在废墟下被困者的有效方法之一，常用扇形搜索和环形搜索，如图3-2和图3-3所示。

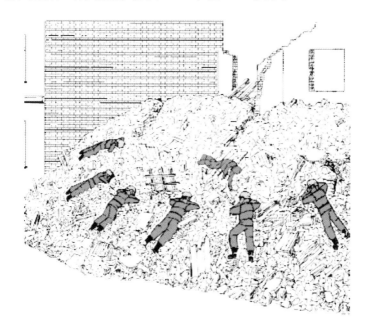

图3-2　扇形搜索

在开展搜索时，搜索人员先一字排开，彼此隔开3~4 m，每人分发一个号码，向前推进，将身体伏在废墟上，发出"保持安静"信号，向废墟方向大声询问有没有人。顺序由1开始，向搜索队长报告有没有发现。全体人员专心聆听有无回答，或听到回音。如果全部没有听到任何声音，全体再向前走一步，再重复一次。如发现声音，搜索队长应找出声音是哪几名队员听到

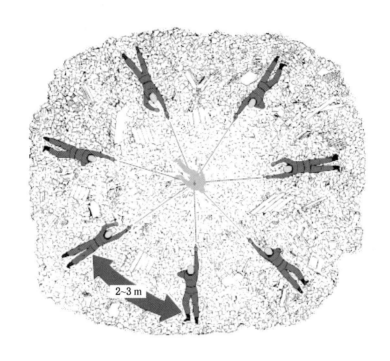

2~3 m

图 3 - 3   环形搜索

的，然后围绕声音发出的位置，发出"保持安静"信号，向废墟方向大声询问有没有人。

一般而言，声音重叠的区域，很可能就是被困者的位置。搜救人员应尽可能与被困者保持联络，以提高被困者的意志，等待救援。同时，搜救人员可尝试进行初步挖掘，但需要判断以下情况。

（1）被困者埋于浅层，而挖掘可能导致危险，则需要再考虑其他营救方法。

（2）被困者埋于深处，则需要利用技术搜索确认被困位置的深度，再采取进一步行动。

（三）开阔区域废墟搜索

在开阔区域搜索，一般采用地毯式搜索。首先在灾害现场内定出一条搜索线，并在此搜索线的左右各定出一条与之平行的搜索终止线。搜索线与搜索终止线的距离并无特别规定，可由队长依其判断而制定。确定搜索线和搜索终止线后，便可选用地毯式搜索，如图3-4所示。

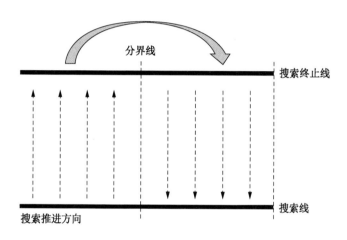

图3-4 地毯式搜索

四、人工搜索要点和注意事项

（一）人工搜索要点

开展人工搜索时，要搜集、分析、核实灾害现场有用信息；保护工作现场，设置隔离带；调查和评估建筑物的危险性；直接营救表面幸存者和极易接近的被困者；如有必要做搜索评估标记；绘制搜索区和倒塌建筑物现状草图；确定搜索区域和搜索顺序；确定搜索方案；边搜索、边评估、边调整搜索方案和计划。

（二）人工搜索注意事项

（1）倒塌建筑物楼梯的台阶承重能力可能减弱，上下楼梯时手要扶着墙壁。在黑暗环境下倒着走下楼梯可能更安全，因为这种方式可试探性地将全部身体重量加在下一个台阶上时，判断是否能承受。如果对某一台阶强度有怀疑，可迅速越过该台阶。对楼梯栏杆必须慎用，因为如果受损，可能一触即塌。

（2）如果楼梯严重损坏，可借用架在部分稳定楼梯上的梯子上下。

（3）所有搜索的相关信息均应以图文形式记录下来并标记在建筑物上（如所遭遇的危险，找到伤员的地点和危险区等），为后期安全进入、营救和安全撤离提供指导，节省救援时间。

（4）建筑物倒塌导致水、电、气等管线损坏，天然气泄漏会降低空间的氧气浓度或产生混合气体爆炸。因此，进入废墟前应切断火源，进行空间检测，必要时通风。

第三节　犬　搜　索

一、犬搜索定义

犬搜索是指驯犬员引导搜索犬进行搜索，利用搜索犬的灵敏嗅觉，找寻被压埋于废墟下的被困者。搜索犬的嗅觉是人的100倍以上，听觉是人的17倍，训练有素的搜索犬能在较短时间内进行大面积搜索，并有效确定废墟下被困人员的位置，是现今地震灾害救援中较为理想的搜索方法。搜索犬的最小搜索单元是3名训导员和3名搜索犬。

搜索犬的主要功能是寻找被困的幸存者，但有时对死者也能给出模糊的表现，这种模糊的表现也必须标记在搜索草图上，供进一步搜索排查参考。但犬的搜索能力受环境条件（风向、湿度、温度等）影响较大，为此，驯犬员应通过绘制空气流通图，指导搜索犬搜索行进方向（搜索犬应位于下风口）以提高搜索

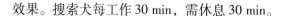

效果。搜索犬每工作 30 min，需休息 30 min。

二、犬搜索工作条件

搜索犬主要依靠其灵敏的嗅觉和听觉，因此环境条件对废墟下人体气味扩散影响较大。一般认为搜索犬的最佳工作条件是：①早晨或黄昏气味上升时；②气温较低，微风（30 m/h）；③搜索路径为无滑、稳定的废墟表面；④小雨天气。搜索犬的不利的工作条件是：①天气炎热，气温 27 ℃以上或中午；②无风或大风天气；③降雪使得搜索路径湿滑或掩盖了废墟表面；④搜索区存在灭火泡沫或其他化学物质气味干扰。

建筑物废墟内幸存者的气味通道畅通有利于搜救犬准确定位。对于轻体结构（轻型框架结构、木质楼板的砌体结构）和破坏严重的混凝土建筑物，气味能比较通畅地通过废墟扩散，有利于搜索犬较准确地追踪气味源或被困者的位置。人体气味沿着复杂的路径传播出来，不利于搜索犬的准确定位，例如钢筋混凝土楼板、大的混凝土构件和粉碎性密实废墟使人体气味流通不畅，搜索犬不能准确追踪幸存者的位置。

三、犬搜索要点和注意事项

（一）犬搜索要点

在开始搜索前，组长、训导员应首先对救援区域一天各时段的气温变化、搜索区范围和建筑物倒塌形式等进行调查评估，以确定最佳搜索策略。通常将搜索场地分成若干个搜索子区域，由搜索组长绘制每个子区段的建筑物和废墟特征草图，并记下对搜索有用的所有信息。

在搜索初期的表层搜索时，指挥搜索犬对倒塌废墟区域表面进行大面积迅速搜索，以较少的工作量确定人工搜索期间未能发现的位于废墟浅表处因丧失知觉而不能呼救的被困者，并标记被困者的位置。

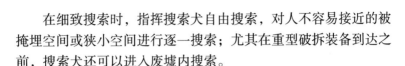

在细致搜索时，指挥搜索犬自由搜索，对人不容易接近的被掩埋空间或狭小空间进行逐一搜索；尤其在重型破拆装备到达之前，搜索犬还可以进入废墟内搜索。

（二）犬搜索注意事项

（1）搜索犬的报警表现往往因目标而异，例如对幸存者尸体或物质气味的报警表现存在细微差别；训导员必须十分熟悉搜索犬的各种反应才能获取更多的信息。

（2）如果两只搜索犬先后都在同一处报警，幸存者存在的可能性极大，救援人员应立即准备挖掘工作。

（3）犬搜索是建筑物倒塌灾害救援中非常重要的技术手段。在灾害发生后，应该第一时间派出搜索犬队，以充分发挥犬的搜索优势。

（4）如果搜索区正在着火或废墟尚未冷却应杜绝使用搜索犬，以防止犬足被灼伤；如必要，犬在工作时应佩戴防护器具，避免受到伤害。

（5）搜索犬大面积自由搜索，有时会失控；如有可能，应在犬颈上安装遥控装置。

第四节　仪　器　搜　索

一、仪器搜索定义

仪器搜索是指利用电子仪器搜寻被困在废墟下未被发现的人员并确定其位置，或在营救过程中通过仪器对被困人员及其所处环境成像，进而指导营救操作。目前，仪器搜索通常被安排在人工搜索之后或配合搜索犬进行搜索，一方面是因为建筑物倒塌搜救初期有众多可直接看到或听到呼救的被困者需要营救，另一方面是因为目前市场上的搜索仪器还远不能满足建筑倒塌环境下搜索的需要。

仪器搜索的实质是根据存活的受困者所能表现出的任何体征和发出的任何信号，运用物理学与生物学原理，使用相应的仪器设备及技术手段，发现和捕捉这些体征与信号，对受困者作出准确定位。

二、搜索仪器

常用的搜索仪器有声波/振动生命探测仪、光学生命探测仪、红外线生命探测仪、电磁波生命探测仪和生命探测雷达，这些仪器具有各自的优势和缺陷，适用不同的场合及环境。要求队员熟练掌握各种仪器的原理及功能，准确分析与判断现场废墟的环境和结构，选择适用的仪器，进行合理的搭配，运用实用技术与技巧，安全、规范操作，达到搜索受困者的目的，完成搜索行动。

（一）声波/振动生命探测仪

声波/振动生命探测仪是为专门接收幸存者发出的呼救或敲击声音的监听仪器。该声波/振动生命探测仪的定位系统由拾振器、接收和显示单元、信号电缆、麦克风及耳机组成，通过安装在搜索区域内的若干个拾振器，检测来自幸存者的呼叫声音或振动信号，测定其被困位置。拾振器之间的间距一般不宜大于 5 m。

（二）光学生命探测仪

光学生命探测仪，又称蛇眼生命探测仪，是利用安装在探杆或软管上的自带光源、小直径的视频、音频探头，伸入人员难以到达的废墟内部进行窥探，收集受困者的图像和声音信息供搜索人员进行分析的一种仪器。它的主要特点在于利用该仪器可直观地观察探头周围尤其是狭小空间的情况，有的仪器同时还装有麦克风，可实现语音传递。

（三）红外线生命探测仪

红外线生命探测仪（简称红外线仪，也称热成像生命探测仪）是目前在烟雾和灰尘弥漫环境下搜索受困者的一种有效仪器。该仪器在美国"9·11"事件中严重的烟雾环境下发挥了很

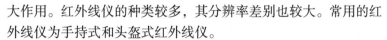

大作用。红外线仪的种类较多，其分辨率差别也较大。常用的红外线仪为手持式和头盔式红外线仪。

（四）电磁波生命探测仪和生命探测雷达

电磁波生命探测仪属于主动式搜索被困生命体的仪器，其原理是利用多普勒效应，即发射源和被探测目标之间在电磁波射线方向上存在运动时，从被探测目标反射回来的电磁波将发生振幅和频率变化。生命探测雷达属于被动式，其原理是利用被探测生命体自身的电磁场，通过人体自身发射出的超低频电磁波探测是否存在生命体。

三、仪器搜索方法

（一）声波/振动生命探测法

声波/振动生命探测法是利用声波/振动生命探测仪来缩小受困者范围，达到定位受困者位置的方法。运用声波/振动生命探测仪主要采用环形排列搜索、半环形排列搜索、平行排列搜索、十字排列搜索等搜索方法。

搜索时可直接探测幸存者发出的呼救信号（呼叫或敲击）并测定其位置。如未接收到幸存者发出的信号，搜索人员可通过呼叫或敲击（重复敲击 5 次后，保持现场安静），向幸存者发送联络信号，通过仪器探测幸存者的响应信号并测定其位置。如探测到幸存者的呼救或响应信号，通过各拾振器接收到信号的强弱（理论上信号最强、声音最大的那个传感器距幸存者最近）判定幸存者位置。如必要，可将传感器排列重新布置，以进一步精确被困者的位置。

（二）光学生命探测法

光学生命探测法是指使用蛇眼生命探测仪对废墟内部的受困者进行搜索的方法。利用蛇眼生命探测仪实施探测前，应先根据现场的位置和条件，选用长、短探杆或延长线与探头连接。当目标被埋压较浅时，可选用短杆连接；当目标被埋压较深时，可选

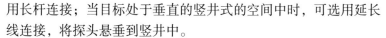

用长杆连接；当目标处于垂直的竖井式的空间中时，可选用延长线连接，将探头悬垂到竖井中。

在存在自然孔洞或缝隙的地方，可直接将探测仪的探头伸入孔洞或缝隙进行搜索；在无自然孔洞或缝隙的地方，可以采用先凿孔，后伸入的方式进行，很多时候需要钻足够数量的孔洞，才能看清废墟内部的情况。

救援队员根据探杆和探头的方向及受困人员在显示器上的位置，确定受困人员的方位。根据受困人员在显示器上显示的图像大小，结合探杆或连接线的伸入长度，确定受困人员的距离。综合分析得到的图像，确定废墟内部情况，并将信息提供给营救队员。

（三）红外线生命探测法

红外线生命探测法是搜索人员通过红外线仪所发现的热异常成像去搜索受困者。其适用于地震灾害的次生火灾、烟雾较大或黑暗区域的环境搜索，也适用于烟雾环境下大面积搜索。红外线仪不能穿过固体介质探测温度差，在搜索中除了将埋在废墟下的人体热源作为有效信号外，其他热源也会对其产生较强的干扰。

（四）电磁波生命探测法和生命探测雷达法

电磁波生命探测法是利用电磁波生命探测仪主动式搜索被困生命体。当人体静止时，仪器会检测到呼吸和心脏跳动（主要为呼吸）产生的频移。通过数据分析处理可以准确探测生命体的存在，无须与人体接触。当人体移动时，产生较强的频移，更有利于确定生命体的存在。该方法适用于空旷场地、有一定厚度的墙壁和建筑瓦砾，通过提高发射电磁波的功率能改善穿透废墟堆的厚度。电磁波生命探测仪也存在一些缺点，包括：仪器易受环境电磁波干扰，产生判断失误；废墟堆积的钢筋和磁性金属含量高也影响探测能力；被困人员的定位精度不高，有待于进一步完善仪器性能和积累搜索经验。

生命探测雷达法是通过人体自身发射出的超低频电磁波探测

生命体的存在。该仪器的工作原理至少在地震灾害中的应用目前尚存在争议，还有待进一步试验研究。生命探测雷达的优点是：仪器体积小、轻便、手持移动快；有经验的操作人员可准确探测生命体的存在；具有穿透混凝土等障碍物能力。生命探测雷达也存在一些缺点，包括：易受环境（包括人体）低频电磁波干扰；探测误差较大；操作难度大，要求经验丰富的高水平人员操作。

四、仪器搜索注意事项

（一）声波/振动生命探测法注意事项

（1）将所有传感器尽量安置在相同的建筑材料介质上，并且与建筑材料接触要完全吻合，才能有效提高搜索定位精度。

（2）注意不同建筑材料或结构破坏的形式不同，对声波的传播和衰减效果也不相同，因此，不能简单地根据信号的强弱来判定受害者的位置。

（3）在进行探测时，应选择型号、性能相同的传感器，否则各传感器相互比较将失去意义。

（二）光学生命探测法注意事项

（1）在有自然孔洞或缝隙的地方，可将光学仪器直接插入其中进行搜索。

（2）对无自然孔洞的废墟，其下有可能存在被困者。首先需要机械成孔，然后进行搜索。钻孔排列方式视建筑物几何形状而定，可以是平行排列，也可以环形或交叉排列。

（3）由显示器看到的图像确定该图像位于孔中的方位是十分困难的，这需要有经验的仪器搜索人员，根据全方位图像进行分析确定，比较简单的办法是孔壁定位。

（4）当探测到幸存者后，应标记其位置。

（三）红外线生命探测法注意事项

（1）红外线生命探测法主要适用于搜索具有较大孔隙度废墟下的浅层压埋受害者。

（2）配合人工搜索确定废墟浅部被困人员的位置。

（3）在浓烟、灰尘严重、能见度极低的环境下直接搜索定位被困人员。

（四）电磁波生命探测法注意事项

（1）架设发射和接收（有的仪器集发射和接收天线为一体）天线，确保拟搜索目标位于电磁波辐射范围内。

（2）对于分体式仪器应连接电源、控制单元、天线单元和计算机。

（3）搜索前应了解工作区是否存在电磁波干扰，电磁波发射频率应尽量避开干扰。

（4）无关人员应远离搜索现场。

（5）发现异常，应改变天线位置，采取反复交叉定位方法确定被困人员压埋位置。

（五）生命探测雷达搜索法注意事项

（1）手持探测仪扫描杆应始终保持向一个方向直线移动。

（2）各次扫描应首尾重叠。

（3）操作者扫描 3 m 范围内，不允许其他人存在。

（4）应避免风对扫描杆的干扰。

（5）扫描时，探测仪应保持略低于水平线 2°左右。

第五节 综 合 搜 索

一、综合搜索定义

人工搜索、仪器搜索和犬搜索方法均具有各自的特点和适用条件。因此，在进行搜索救援行动时，应根据灾害情况和环境条件确定搜索方法。综合搜索方法对复杂环境下提高搜索效率和定位精度十分必要。

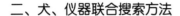

二、犬、仪器联合搜索方法

在第一时间抵达救援现场后，如现场尘土烟雾大，应首先采用电子仪器进行大面积搜索定位。当条件允许时，采用犬搜索等方式进一步确定被困人员位置。对无响应受害者，在声音或振动传播条件不利的环境下，应首先采用犬进行搜索定位，然后通过光学仪器进一步观察被困者状态及受害者所处的环境和压埋情况。对气温较高或其他不适宜犬搜索的环境，应首先采用声波/振动生命探测仪进行大面积搜索定位，而在黄昏或环境条件适合犬搜索时，采用搜索犬对仪器搜索进行验证。对大型混凝土板式结构，首先应采用声波/振动生命探测仪进行搜索定位，而不是犬。

三、人工、仪器联合搜索方法

采用人工进行表面搜索时，必要时可配合光学生命探测仪进行联合搜索已确定埋藏较浅的受害者。一旦发现幸存者，应用光学生命探测仪进一步精准确定受害者的方位、位置和被掩埋情况，以指导营救方案的制定。

四、人工、犬联合搜索方法

大面积实施人工搜索过程中，对怀疑有可能存在受害者的区域，应由搜索犬进一步确定；对有些狭小空间、人难以进入的区域，应由搜索犬配合进行搜索定位。

第六节　受困者标记

一、受困者标记定义

搜索行动的结果是明确被困人员的位置或可能被困的位置。

专业搜救队伍或其他实施搜救的团队或个人，都应随时标记所发现的确定或不确定被困人员的可能位置。由于受困位置对于救援人员来说不是很明显，例如在废墟下或被压埋，通过受困者标记来标明那些潜在或已知的伤亡人员（生还或遇难）的受困位置。

二、受困者标记方法

在使用受困者标记时，应在尽可能离伤亡人员最近的表面进行标记，可使用自喷漆、建筑蜡笔、贴纸、防水卡片等材料，字体大小在 50 cm 左右，标记颜色应清晰可见并与背景颜色对比鲜明。当救援行动结束后，受困者标记就无须再使用。不要标记在建筑物前方有工作场地代码的位置，除非那里有伤亡人员。

三、受困者标记示例

下面通过几个示例来演示受困者标记的使用。

醒目的"V"字适用于所有位置潜在的受困者（活着和遇难），如图 3 – 5 所示。

图 3 – 5　受困者标识 1

从"V"字延伸的箭头，明确受困者的大概位置，如图 3 – 6 所示。

在"V"字下方，用"L"表明幸存者，后接数字表明在这个位置的幸存者人数（例如 L – 1、L – 2 等）；用"D"表明已确认的遇难者，后接数字表明在这个位置的遇难者人数（例如 D – 1、D – 2 等），如图 3 – 7 所示。

图 3 – 6　受困者标识 2

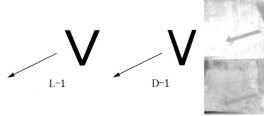

图 3 – 7　受困者标识 3

在救出或转移出伤亡人员后，用一条斜线划去相关标记，并在下方更新相关信息（例如划去 L – 2，并标记 L – 1 表明只有一名幸存者未被救出），如图 3 – 8 所示。

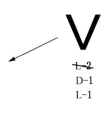

图 3 – 8　受困者标识 4

第四章　现场营救技术

第一节　营救技术概述

一、营救技术定义

营救技术是在现场救援行动中所涉及的障碍物移除、支撑加固、破拆、顶升、绳索救援等技术运用的统称。救援队员在救援现场运用一系列安全、有效的技术方法和必要的装备才能将幸存者安全地从废墟中解救出来。

在救援行动中，营救工作是救援队所有工作中最艰苦、危险性最高、技术难度最大的一项工作。因此，作为救援队伍的营救人员，必须具备良好的心理素质、过硬的技战术能力并熟练地掌握现场营救的基本知识、原则和技能，才能在营救现场的有限资源条件下，实现对幸存者科学、安全、高效、有序的救援。

二、营救评估

通常，现场营救操作应按"察、想、作"的顺序来实施。"察"是先观察，应首先仔细认真、全面地了解营救工作可能涉及的对象及其周围的环境情况，聆听有无异常的声响，有否影响安全性、稳定性的因素；"想"是多思考，要设计出多种可行的创建通道方案，并在评价其效率的高低和安全程度后选定，应预估每一步工作后的结果和意外事件的安全对策；"作"是营救工作，要安全、正确、规范地使用工具、设备，且必须随时监控现场状况并准备好必要的应对措施。尽管营救需要快速和高效，但一定要切记，如果不是在安全场所的正常情况下工作，盲目地追求快速和高效很可能会适得其反。

营救通道的分析评估是为了确保营救、接近幸存者的通路安全，应遵循以下五个步骤：①水、电、煤气等供应设施是否已被切断；②评估到达幸存者位置的通道形式、组成与创建效率；③减少通道发生倒塌危险的措施是否正确；④是否建立了安全地带和逃生路线；⑤如何保证通道区域的安全，是否需要移除不利于通行的废墟和瓦砾。

三、营救方法及步骤

一旦搜索工作结束，被困幸存者的位置即被确定，其后要做的就是决定如何去接近幸存者，进而将其救出。接近幸存者主要有垂直接近和水平接近两种基本方式。如图 4-1 所示，垂直接近是从被困幸存者位置的垂直方向创建营救通道以抵达幸存者，水平接近则是从其侧面的水平方向创建营救通道，垂直和水平接近幸存者的优缺点见表 4-1。

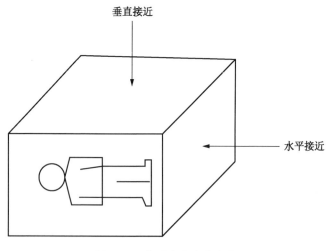

图 4-1 接近幸存者的方式

表4-1　垂直和水平接近幸存者的优缺点

接近方式	优　　点	缺　　点
垂直接近	营救者身体位置舒服	可能要处理混凝土楼板等
	容易使用营救工具和设备	凿破、切割的碎块可能会砸中幸存者
	营救人员和幸存者易通过营救通道	创建通道的耗时较长
	工作环境干净	
水平接近	易穿透阻隔墙体等物	营救人员身体位置不舒服
	凿破、切割的碎块不会砸中受害者	常需要在通道中爬行
		营救破拆工具定位困难
		工作环境较差
		对救援和被困人员有余震倒塌的危险

　　营救通道的创建方法主要有四种：①移走废墟和瓦砾；②支撑不稳定的废墟墙体、楼板和门窗等；③切割和穿透阻隔墙体、楼板等；④顶升并稳固重压物。

　　现场营救幸存者时，最有效的方法是从简单到复杂地实施现场营救工作。营救人员应全部进入状态以应对可能发生的无法预料的紧急情况。行动计划应由所有现场营救人员分析确定，以使各项工作能协调一致，并且尽可能地节约时间，向全体现场营救人员明确现场及营救过程中的安全与紧急事件信号发送、应对措施。应指定一名总负责人，以保持指挥命令的统一和全部营救工作的管理，当两个或两个以上的营救小队协同工作时也必须如此。应指定一名安全人员作为总负责人的助手，负责营救工作场地和营救过程中的安全。现场负责人和安全人员的标记必须能够被清楚、明显地辨认出来。营救设备、工具及支撑材料应根据其功能分别存放，便于取用。定期进行交接班并应有足够的时间进行情况介绍和信息交流，从而保证行动的连贯性。对当地资源（物、人）进行有效的管理和监控以保证营救行动的安全和高效。营救操作记录和场地草图应予以保留。

现场营救工作一般按照以下步骤执行。

（1）评估营救场地。从营救工作的角度，对幸存者所在废墟的稳定性、危险物质、营救过程可能产生的安全问题、环境条件与旁观人员等方面的情况进行评估，并做好基本的安全应对措施。

（2）制定营救计划。为了使现场营救工作能够有序进行，营救小队长需要制定营救工作计划。通常该计划应包括：受困者的信息、通道形式与创建步骤、创建通道、医疗救治及运送幸存者所需的资源（设备、人员）、资源分配、通信保障与通信程序、营救安全与保护等。

（3）划分工作区。现场工作区划分为营救工作区域和危险区域、医疗救治区域、营救设备及支撑材料安放区、移出建筑垃圾堆放区、进入/撤离路线和安全地带等。

（4）创建到达幸存者的通道。通过移除建筑垃圾、破拆建筑材料、支撑稳定废墟构件来创建到达被困幸存者"空间"的通道。

（5）救治幸存者。通过创建通道抵达幸存者"空间"后，应先对其进行基本的生命维持与医疗处置工作，以增加其生存的机会。

（6）解救幸存者。破拆、移除幸存者周围的建筑垃圾以扩展空间，确保没有更多的伤害可能。如果需要，应进行顶升支撑保护，以确保没有任何的外部压力作用在受害者身体的任一部位。

（7）移出幸存者。根据受害者所在位置（高空、井下）的不同，选用不同类型的担架和其他辅助设备（绳索等）将受害者从受难地点移送至安全地带，随后将其送抵可进行更高级医疗护理的场所。

<h2>第二节 障碍物移除技术</h2>

一、障碍物移除技术定义

障碍物移除技术是指利用各种装备在创建营救通道过程中清理废墟和移开体积较大障碍物的综合技术。在创建通道过程中，可以利用就便器材、专业装备和大型工程机械等设备，移开不同体积的障碍物和清除废墟瓦砾。

在建筑物倒塌移除营救行动中，运用一些基本的物理学原理可以大大提高移除行动的安全性和效率，例如通过减少两个物体之间接触面积可以减少摩擦力，通过吊升操作减少接触表面上的重量降低摩擦力。

二、障碍物移除装备

在建筑物倒塌救援中，移除技术应用较为广泛，通常使用简易工具、牵引器、液压扩张钳、大型工程机械等作为移除装备。

（一）简易工具

在进行建筑物倒塌救援时，生活中很多简易工具都可以应用到救援中，例如圆木、钢管、撬棍等，通过滚动或撬动的方式，进行障碍物移除操作。

（二）牵引器

牵引器（图4-2）内部设置两对平滑自锁的夹钳，像两只钢爪一样交替夹移钢丝绳，救援人员持操作手柄做往复运动，从而达到牵引效果。它能在各种工程中开展牵引、卷扬、起重等作业。除能在水平、垂直方向使用外，它还能在斜坡、高低不平、狭窄巷道、曲折通道等场地环境下进行操作，无须依托电、燃料、液压等动力源，仅需人力即可完成作业。

图 4 - 2　牵引器

（三）液压扩张钳

液压扩张钳是抢险救援中常用工具之一，如图 4 - 3 所示，是主要通过扩张、挤压、牵引来实现分离金属和非金属结构及障碍物的破除工具。液压扩张钳结构紧凑，重量轻，性能强劲。操作时将钳体与液压站通过快速接口、高压油管连接，启动液压泵向液压系统提供高压油体，利用液体压力传递原理驱动活塞，活塞杆再通过连杆机械推动扩展臂，执行扩张与夹持作业。

图 4 - 3　液压扩张钳

（四）大型工程机械

常见救援作业大型工程机械类型如下。

（1）吊车，一种广泛用于港口、车间、电力、工地等地方的起吊搬运机械。吊车是起重机械统一的称号，通常有汽车吊、履带吊和轮胎吊三类，主要用于吊装设备、抢险、起重、救援。

（2）挖掘机械，又称挖土机，是用铲斗挖掘物料，并装入运输车辆或卸至堆料场的土方机械。挖掘机所挖掘的物料主要是土壤、煤、泥沙以及经过预松后的土壤和岩石，也可实施起重、吊装、救援等作业。

（3）装载机，一种广泛用于公路、铁路、建筑、水电、港口、矿山等建设工程的土石方施工机械。它主要用于铲装土壤、砂石、石灰、煤炭等散状物料，也可对矿石、硬土等做轻度铲挖作业。其换装不同的辅助工作装置还可进行推土，可实施起重、吊装、救援等作业。

三、障碍物移除方法

（一）简易工具移除

通常就地寻找民用器材，或就地取材加工制作应用器材，综合使用撬棍、钢管、方木等就便简易器材对障碍物进行移除。该方法的优点是可在无救援装备器材或装备器材不便展开的情况使用，局限是只适用在相对平坦的地面，移动距离较短。人工移除的操作步骤如下。

（1）抬升。利用人工顶升法抬升障碍物，此时不再仅垫高抬升重物的一边，而是将重物整体抬升，如图4-4所示。

（2）制轨。利用钢管、方木等制作障碍物的移动轨道，使重物在移动过程中不偏离设计好的移动路径。通常先在障碍物的移动路径上铺设两根方木，方木方向与重物移动方向一致，如图4-5所示，接着在方木上横放3～4根钢管，方木与钢管放置方向垂直。这样可避免钢管直接与凹凸不平的地面接触，滚动时不

图 4 - 4 抬升

图 4 - 5 制轨

容易散开。

（3）移动。沿着轨道方向撬动重物，先将重物整体从垫木上移动到钢管上，然后再用撬棍推动重物，利用钢管的滚动移动重物，如图 4 - 6 所示。移动时要注意随时调整钢管，防止钢管散开，如此反复直至将障碍物移到指定位置。

图4-6 移动

（二）牵引器移除

牵引器移除是利用牵引器的杠杆和齿轮传动原理，通过钢丝绳拖曳、起吊的方式移除障碍物的方法，主要适用于在较长的距离上移动障碍物。牵引障碍物移除就是在创建营救通道过程中清理废墟以及利用装备器材移除较大障碍物的救援技术。其通常与破拆技术、顶升技术联合使用，一般在破拆顶升等手段无法清除障碍物且移动部分构件不会对结构稳定性产生影响的情况下采用。

利用牵引器实施障碍物移除时，应固定好牵引器的两端。牵引器一端固定或悬挂于固定物体上（如果需要，可连接能够承受同样吨位的钢丝绳或者索链），固定物所能承受的拉力应大于被牵拉物体的力；另一端则固定或悬挂于被牵引物体上。

牵引器使用时应具备以下要求。

（1）牵引重量不准超过允许荷载，要按照标记的重量使用。

（2）确保固定牵引器的锚点牢固，能承受移动物体时的反作用力。

（3）选取牢固物体固定后方锚点，如果后方没有天然锚点，可人工制作。

（4）由于牵引器的工作原理是利用夹钳交替夹紧钢丝绳，所以要求使用钢芯的钢丝绳，而不能用麻芯钢丝绳。因为麻芯绳柔软而富有弹性，在夹钳夹紧后有易松动的现象，是不安全的。经常检查钢丝绳有无磨损和扭结、断丝、断股，凡不符合安全使用的要及时更换。

在牵引器的使用过程中要注意以下事项。

（1）不要使用牵引器进行人员运输工作。

（2）不能使用挂钩的尖端移除重物。

（3）当牵引重量超过极限时，挂钩容易缓慢变形，以致发生事故。

（三）液压扩张钳

运用液压扩张钳进行牵引的使用方法如下。

（1）将液压扩张钳快速接口通过高压油管与液压泵连接起来。

（2）启动液压泵。

（3）逆时针转动扩张器换向手柄，扩张臂张开，完成扩张作业；顺时针转动扩张器换向手柄，扩张臂闭合，完成夹持作业；松开扩张器换向手柄，手柄自动回到中位，扩张臂保持现有状态不变。

使用液压扩张钳进行扩张时要注意以下事项。

（1）只能使用原装配的牵拉工具附件。

（2）完全张开钳头。

（3）将挂钩套在钳头上，使钩子的开口向上，插好固定销。

（4）用链条缠绕在物体上以防物体滑落。

（四）大型工程机械移除

大型工程机械移除主要利用叉车、挖掘机、装载机和吊车等大型工程机械（特种车辆）对重型障碍物进行移除。在救援的初始阶段，往往需要使用大型工程机械先进行开辟道路，移除一些诸如承重梁、预制板或钢梁等重型构件，将这些构件从废墟上剥离后再使用专业救援工具一层层往下实施破拆、顶升等营救作业；在救援的结束阶段，当确定幸存者已被全部救出、判断受困者已生还无望的情况下，可以用大型工程机械快速地清理废墟瓦砾并搜寻遇难者遗体。

为了更好地指挥起重机作业，救援队员需要掌握常用手势信号，如图4－7所示。指挥手势信号图的简要动作说明如下。

（1）提升。右臂侧平举后右前臂向上抬起，右手食指向上伸出并划小圆圈状。

（2）下降。右臂斜伸向下，右手食指向下伸出并划成小圆圈状。

（3）摆动。左/右臂平伸，手指吊杆摆动方向。

（4）吊臂上升。右臂平伸，四指合拢，拇指向上。

（5）吊臂下降。右臂平伸，四指合拢，拇指向下。

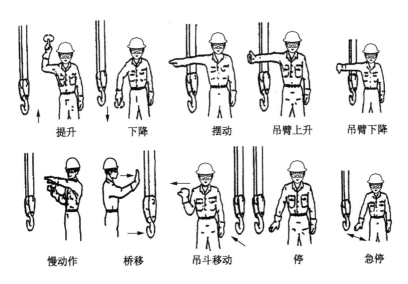

图4－7　起重机作业指挥手势信号图

（6）慢动作。用一只手做任何指挥吊车的动作，另一只手放在它的前面（图中为做缓慢向上吊升的动作）。

（7）桥移。臂向前伸，手掌轻抬，向移动的方向做按压动作。

（8）吊斗移动。手指合拢，拇指指向移动的方向，手快速平移。

（9）停。手掌伸出掌心向下，停住不动。

（10）急停。手掌伸出掌心向下，左右摇摆（NO）。

挖掘机是用挖土斗来挖掘土壤和装载物料，主要由动力部分、传动系统、工作装置、操纵机构和行走机构等组成。根据工作装置传动方式的不同，可分为机械式和液压式；按行走机构的不同，可分为履带式和轮胎式。一般应用较广的是轮胎－液压式挖掘机，主要是因为底盘行驶速度较高，机动性好，调动灵活，液压挖掘装置操作方便，挖掘力大。挖掘机在使用过程中需要关注以下内容。

（1）挖掘机停机场地要坚实平整，作业前行走机构要牢固制动。

（2）挖土斗未离开土层不准回转，不准用挖土斗或斗杆回转拨动重物。

（3）在埋有地下电缆、煤气管线时应注意避开；距架空输电线应保持一定安全距离；遇有雷雨、大雾天气时，不准在高压线下作业。

挖掘机作业指挥手势信号如图4－8所示。

四、障碍物移除步骤和注意事项

（一）障碍物移除步骤

（1）综合评估。移除前，移除组组长应同结构专家一道对拟作业的废墟进行评估，评估内容包括应移除哪些构件和移除该构件将对废墟结构稳定性产生何种后果。综合考虑现场结构稳定

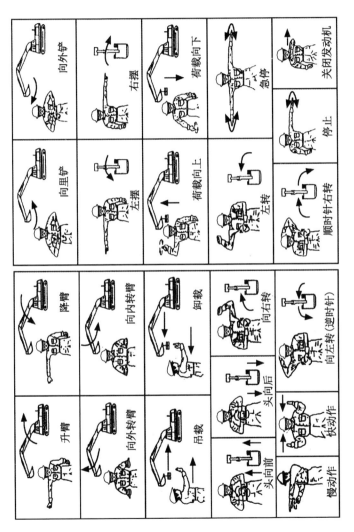

图 4 - 8　挖掘机作业指挥手势信号图

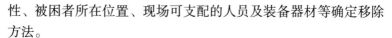

性、被困者所在位置、现场可支配的人员及装备器材等确定移除方法。

（2）路线设计。无论是人工移除、装备器材移除，还是大型工程机械移除都需要根据现场实际情况，对移除路线进行设计，可以设计平面移除路线，也可以设计立体移除路线，综合考虑结构影响、人员安全、移除距离和装备器材作业能力等因素设计最佳可行的移除路径。

（3）安全保护。移除可能影响废墟整体稳定性的大型构件时，应在结构专家的指导下进行；移除前应撤出现场其他作业人员，仅留必要的移除作业人员，必要时还应派出警戒人员，防止无关人员误入作业区；派出安全员并密切监控作业现场；对可能倒塌的构件进行支撑，尤其要对受困者附近的构件实施支撑固定，防止因结构变化导致的废墟倒塌给受困者造成二次伤害。

（4）作业实施。沿预设的移除路径移除障碍物，移除要平稳缓慢，尽可能不影响残存建筑废墟的结构稳定。当移除过程中发生意外情况或未达到预计效果时，应及时停止，重新调整移除方案。

（5）二次评估。移除完毕后，障碍移除组组长应同结构专家重新进入现场，再次进行废墟结构安全性评估，确认作业区域安全后，人员可返回现场进行其他作业；如移除后作业区内出现新的危险隐患，应立即排除险情，然后再让救援队员进入作业区进行其他作业。

（6）撤收。完成障碍物移除任务后，应撤收并清点障碍物移除装备器材，防止将装备器材遗落在作业现场。撤收后的装备器材应放回器材放置区，而后组长应向指挥员进行报告任务完成情况。

（二）障碍物移除注意事项

（1）在移除某个废墟构件前应估算其重量，预计其移开后的后果，并设计好移除方法和移除路线。

（2）移除时，要先移走小的碎块，后移走大的碎块，按由表及里、先小后大的顺序清理废墟，但是不能移动那些被压住的或者楔入的碎块。

（3）不要移动那些影响废墟稳定的构件；如果不能确定构件是否影响废墟整体稳定，可与结构专家进行商讨。

（4）吊装或牵引障碍物前，应仔细检查钢（绳）索或挂钩连接固定是否稳定牢固，牵引钢（绳）索、绳索是否完好，一切准备工作正常，方可吊装及牵拉；吊装及牵拉时应注意不要磨损牵引钢（绳）索，避免断裂发生危险。

（5）大型工程机械移除障碍物时，要充分预估作业危险性，控制作业区内的人员；作业人员做好个人防护，严格遵守安全规程。

第三节　支撑加固技术

一、支撑加固技术定义

支撑加固技术是指在进行搜索和救援工作时，为了减小受害者和救援队员的危险，通常需要对那些局部受到破坏或者倒塌的结构做临时的支撑和加固措施。木支撑是常用的支撑加固技术，利用各种木料对门窗、墙柱、梁、板等建筑结构进行加固，如图4-9所示。其目的是防止已遭破坏的、不稳定的建筑物进一步倒塌，避免危及救援人员和被困人员的生命安全。救援支撑是一个临时的措施，为暴露在结构倒塌危险中的救援人员提供一定程度的安全保障。当需要对墙或楼板进行支撑时，救援人员需要认真地设计和施工。当采用支柱支撑时，或在其附近工作时，需要专人对建筑物全程不间断地加以监测。

支撑也可以被应用到以下四个方面：①楼板受到严重损坏的建筑物；②具有松散混凝土碎块的建筑物；③有裂缝或者破碎的

图 4 - 9　支撑示例

预制板；④有裂缝的砖石墙。

　　支撑不是为了使结构部件恢复到原来的状况和位置，而是防止已经遭到破坏的建筑构件进一步倒塌。支撑应是被动地、轻轻地支持而不是移动建筑。任何用强力使梁、立柱、楼板部件或墙恢复原位的做法都可能引起建筑物进一步倒塌。支撑需要逐渐进行，不能直接用楔子或千斤顶去顶升，避免对建筑物产生震动。倒塌的建筑可能存在水平和垂直向的不稳定性，为了减少救援人员所面临的危险，或是避开这些危险，或是消除危险，或是通过支撑或围拦方法使救援人员得到防护。

　　支撑遵循双漏斗原理：支撑首先集中被破坏结构的荷载，然后将荷载安全地传递到另一个能够承受这些荷载的、未受损的结构或牢固的表面上并重新分配压力，如图 4 - 10 所示。

　　这种支撑方法像一个双向的漏斗：①被支撑物的荷载由漏斗得以收集，然后通过支撑结构分散到下面；②支撑应当是被动的，不能对被支撑构件施加新的外力，更不要移动结构而造成突然破裂（支撑过高荷载的木支柱可能穿透混凝土板）。

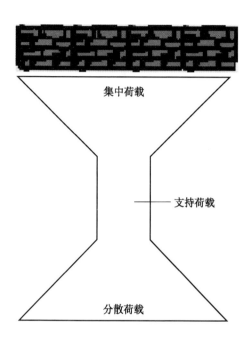

图 4 - 10　双漏斗原理

二、支撑结构构成

用于临时支撑的木料必须是实木，相对来说实木没有太多的树节和太大的斜纹理。目测检查木料有无裂纹、裂片或过度翘曲。最好不要用救援现场的木料，因为这些木料在倒塌时受到应力作用，其强度和整体性不能得到保证，可与属地单位协调使用木料或自行携带。下面以垂直支撑为例，介绍支撑结构构成，如图 4 - 11 所示。

（1）底板。接收由支撑结构传递的荷载并分散至下方坚实稳定的地面或地板，确保支撑结构牢固稳定。

（2）顶板。集中上面的荷载并且把它传给整个支撑系统，

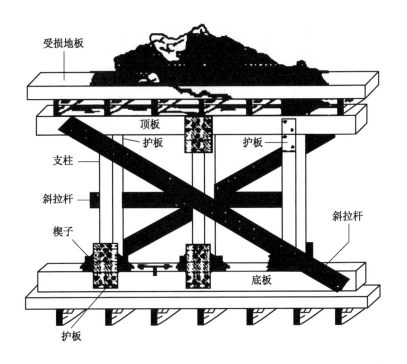

受损地板

顶板

护板　　　　　　　护板

支柱

斜拉杆

斜拉杆

楔子

底板

护板

图 4 - 11　支撑结构构成

它与被支撑物的底部接触。

（3）支柱。将支撑顶板集中的荷载传递给能重新分配应力的底板。

（4）斜拉杆。用于支撑结构各受力构件的连接，可减轻偏心荷载对支撑结构的破坏性。

（5）护板。使用胶合板钉在支柱的顶底，用于固定支柱和顶底板，防止支撑柱和构件的横向移动。

（6）楔子。用于填充支撑结构空隙和施加预应力。楔子是由方木切割而成的成对三棱柱（图 4 - 12），相互挤压后能延伸构件长度，形成内应力，贯通荷载传递路径。楔子成对使用，靠张力使支撑柱撑紧。使用楔子时，应从两边均匀施压。

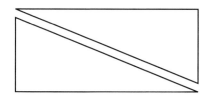

图 4 - 12　楔子示意图

三、支撑构件

（一）切割台

切割台的尺寸要足够大，可以放置多功能切割锯，如图 4 - 13 所示。

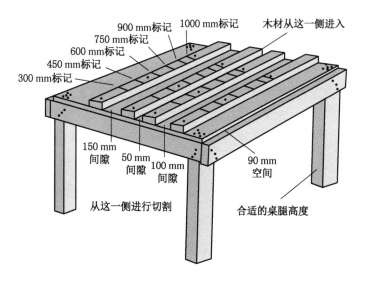

图 4 - 13　切割台

（二）楔子

切割 50 mm 和 100 mm 规格的楔子时，应注意以下四点，如图 4－14 所示。

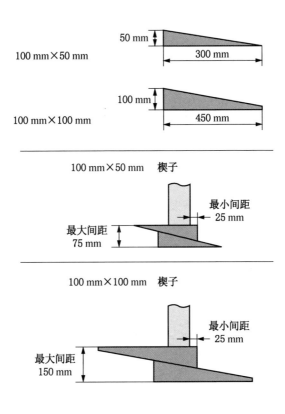

图 4－14　楔子的尺寸和相互连接要求

（1）当用圆锯或链锯切割楔子时，考虑使用切割工作台。

（2）支撑立柱与楔子完全接触，在立柱下面的楔子之间，应当保持同样面积的接触面。

（3）切割面与切割面应全部接触。

（4）楔子的高度通常应根据支撑结构的实际使用需求，按照 50 mm、100 mm 两类进行设计制作，各类楔子的尺寸和相互连接应符合要求，如图 4 – 14 所示。

（三）钉

制作木结构支撑的钉，主要有两种规格：8D 钉（长度 65 mm × 3.8 mm）、16D 钉（长度 90 mm × 3.8 mm），使用钉时应注意以下四点，如图 4 – 15 所示。

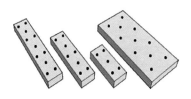

图 4 – 15　钉的使用

（1）钉应放置在距离木材末端长度不少于 50 mm 的地方，以防止开裂（木材规格 100 mm × 100 mm）。

（2）不要在已经固定的其他连接上钉牢支撑。

（3）应该使用斜钉来增加阻力，还可以有效避免木材开裂。

（4）使用五颗钉的模式时，最外侧两颗钉的间距至少为 150 mm。

（四）固定块

固定块在木结构支撑中受力时为支撑柱提供阻力，如图 4 – 16 所示，但无论固定块的尺寸是多少，都应至少由五颗钉固定，如图 4 – 17 和图 4 – 18 所示。

（五）护板

护板在木结构支撑中的作用是防止连接组件发生横向位移；护板通常由 17 ~ 19 mm 的整块胶合板剪裁。

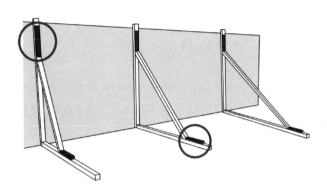

图 4 - 16　固定块

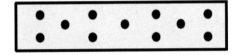

图 4 - 17　固定块（长度为 450 mm，11 颗钉）

图 4 - 18　固定块（长度为 600 mm，14 颗钉）

　　（1）护板的类型。护板的类型包括全尺寸护板、半尺寸护板、对角线护板、中间护板、顶部护板等，如图 4 - 19 所示。

　　（2）护板的规格。常用护板的规格见表 4 - 2。

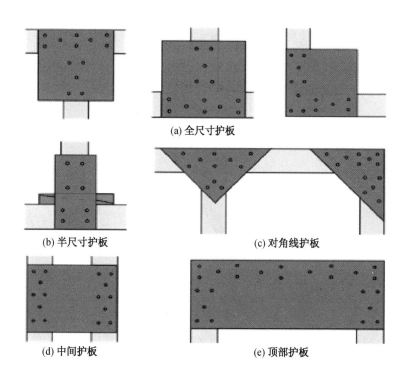

(a) 全尺寸护板

(b) 半尺寸护板　　(c) 对角线护板

(d) 中间护板　　(e) 顶部护板

图 4-19 护板的类型

表 4-2 护板规格

类　型	尺　寸	使用条件	钉数量
全尺寸护板	最小 300 mm × 300 mm	除另有说明的 所有连接	13 颗钉
半尺寸护板	最小 300 mm × 150 mm	垂直立柱 底部连接	8 颗钉
超规格尺寸护板	更大	更大的支撑系统	根据需要

（六）斜拉杆

（1）斜拉杆规格为 100 mm × 50 mm，需要使用 3 颗钉的连接方法，如图 4 - 20 所示。

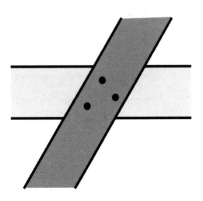

图 4 - 20 100 mm × 50 mm 斜拉杆

（2）斜拉杆规格为 150 mm × 50 mm，需要使用 5 颗钉的连接方法，如图 4 - 21 所示。

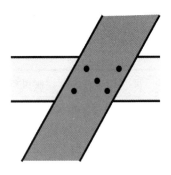

图 4 - 21 150 mm × 50 mm 斜拉杆

四、支撑的类型

（一）叠木支撑

每一个 100 mm × 100 mm 直径的承重点可承重 2500 kg。每一个 150 mm × 150 mm 直径的承重点可承重 6000 kg。叠木支撑被认为是倾斜的小空间内最迅速便捷的垂直支撑方法，如图 4 - 22 所示。水平力可能引起滑动位移，可使用护板来减少滑动位移。

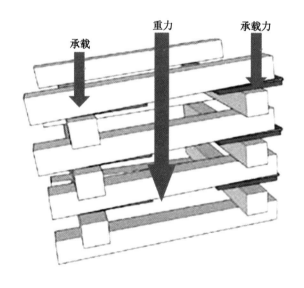

图 4 - 22　叠木支撑

若叠木支撑需要倾斜传递荷载，可以使用填料和楔子来填充缝隙，并确保荷载的中心保持在叠木支撑的中心。

叠木支撑的类型包括：基础叠木（图 4 - 23）、三角形叠木（图 4 - 24）、平行叠木（图 4 - 25）。大多数类型的叠木支撑，支撑高度不应超过叠木所用木材的长度。

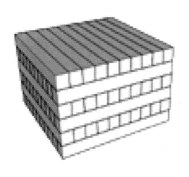

图 4 - 23 基础叠木

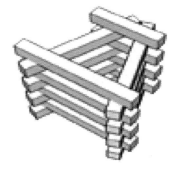

图 4 - 24 三角形叠木

图 4 - 25 平行叠木

（二）门窗支撑

门窗支撑可以采用预制框架的形式，主要用于在非涉危区域制作支撑框架，如图 4 - 26 所示，首先测量空间尺寸，预留下方和侧方楔子安装位置；在方形或矩形框架的四个边角，制作适合的护板；固定到位，并从下方和一侧楔入到位；如果支撑附近结构不规则，在安装并楔入门窗支撑主体后，需要对空隙位置进行填充。

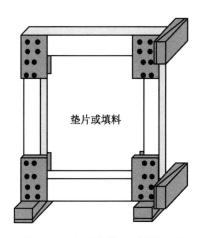

图 4 - 26　门窗支撑（预制框架）

　　门窗支撑也可采用现场制作的形式，首先测量门窗支撑整体高度，并预留出楔子安装尺寸从下方打入楔子，如图 4 - 27 所示；如果支撑附近结构不规则，也同样在安装并楔入门窗支撑主体结构后，对空隙位置进行填充加固。门窗支撑的主要参数如下：

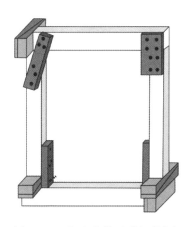

图 4 - 27　门窗支撑（现场制作）

木材规格：100 mm×100 mm；

顶板宽度：不超过 1200 mm；

楔子：100 mm×50 mm。

（三）垂直支撑

垂直支撑主要包括单 T 支撑、双立柱垂直支撑、双立柱胶合板垂直支撑、三维立体垂直支撑。

1. 单 T 支撑

单 T 支撑的主要目的是初步稳定受破坏的地板、天花板或房顶，以在做进一步支撑时减少危险，也可以用于快速解救受害者，如图 4-28 所示。单 T 支撑的主要参数如下：

木材规格：100 mm×100 mm；

支撑高度：不超过 3300 mm；

顶板宽度：不超过 900 mm；

顶部护板：两侧均需全尺寸护板，13 颗钉；

底部护板：两侧均需半尺寸护板，8 颗钉。

单 T 支撑通常是一个临时支撑，应尽快更换更加稳固的支撑，并留出足够的搭建空间。

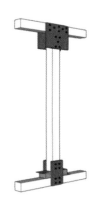

图 4-28 单 T 支撑

2. 双立柱垂直支撑

双立柱垂直支撑如图4-29所示，其主要参数如下：

木材规格：100 mm×100 mm；

支撑高度：不超过3600 mm；

立柱间距：1000 mm（两根立柱之间）；

顶板宽度：不超过1800 mm；

顶部护板：两侧均需全尺寸护板，13颗钉；

斜拉杆：100 mm×50 mm、3颗钉；

底部护板：两侧均需半尺寸护板，8颗钉；

支撑能力：2400 mm支撑高度所对应的支撑能力大约为7200 kg，3000 mm支撑高度所对应的支撑能力大约为4500 kg，3600 mm支撑高度所对应的支撑能力大约为3200 kg。

图4-29　双立柱垂直支撑

3. 双立柱胶合板垂直支撑

双立柱胶合板垂直支撑如图4-30所示，其主要参数如下：

木材规格：100 mm × 100 mm；

支撑高度：不超过 3600 mm；

立柱间距：1000 mm（两根立柱之间）；

顶板宽度：不超过 1800 mm；

顶部护板：两侧均需全尺寸护板；

胶合板规格：纵向高度为 300 mm；

底部护板：两侧均需半尺寸护板，8 颗钉；

支撑能力：2400 mm 支撑高度所对应的支撑能力大约为 7200 kg，3000 mm 支撑高度所对应的支撑能力大约为 4500 kg，3600 mm 支撑高度所对应的支撑能力大约为 3200 kg。

图 4 - 30　双立柱胶合板垂直支撑

4. 三维立体垂直支撑（木板加固型）

在制作三维立体垂直支撑（木板加固型）时，首先按照标准规格制作组装两个双立柱支撑，支撑尺寸可根据环境适当调整，如图 4 - 31 所示。三维立体垂直支撑的主要参数如下：

木材规格：100 mm×100 mm；

支撑高度：不超过 4800 mm；

立柱宽度：不超过 1200 mm；

倾斜角度：不超过 5%（或 50 mm/1 m 的误差比例测算）；

斜拉杆：100 mm×50 mm，3 颗钉；

支撑能力：14500 kg。

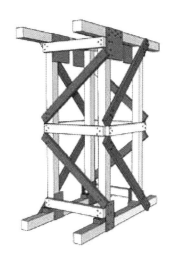

图 4-31　三维立体垂直支撑（木板加固型）

5. 三维立体垂直支撑（胶合板加固型）

在制作三维立体垂直支撑（胶合板加固型）时，首先按照标准规格制作组装两个双立柱支撑，双立柱支撑可略大于常规尺寸，如图 4-32 所示。三维立体垂直支撑的主要参数如下：

木材规格：100 mm×100 mm；

支撑高度：不超过 4800 mm；

立柱间距：1000 mm（两根立柱之间）；

中间连接：纵向高 600 mm 胶合板、14 颗钉；

其他位置连接：纵向高 300 mm 胶合板、8 颗钉；

支撑能力：14500 kg。

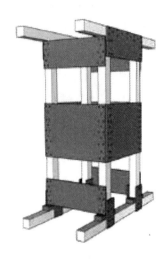

图 4 – 32　三维立体垂直支撑（胶合板加固型）

（四）水平支撑

1. 水平横向支撑

在制作水平横向支撑时，当支撑宽度超过 3000 mm 时，需要制作对角线支撑加固，如图 4 – 33 所示。水平横向支撑的参数如下：

木材规格：100 mm × 100 mm；

支撑间距：不超过 3000 mm；

横向支撑柱垂直间距：不超过 1000 mm；

斜撑：两侧均需，100 mm × 50 mm、150 mm × 50 mm；

护板规格：均为全尺寸护板，13 颗钉；

固定块规格：100 mm × 50 mm × 450 mm。

图4-33　水平横向支撑

2. 水平悬空支撑

在制作水平悬空支撑时，如果支撑宽度超过 3000 mm，需要增加对角线斜撑并在连接处增加额外的护板，护板可以固定在水平支柱的连接点位置，此支撑类型拥有更大通过空间，便于担架和设备通过，如图4-34所示。水平悬空支撑主要参数如下：

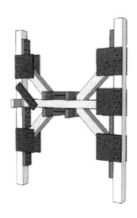

图4-34　水平悬空支撑

木材规格：100 mm×100 mm；

支撑间距：不超过 3000 mm；

辅立柱倾斜角度：45°；

护板规格：两侧均需全尺寸护板，13 颗钉；

固定块规格：100 mm×50 mm×450 mm。

（五）斜向支撑

斜向支撑的顶部支撑高度应位于结构相对完整的墙体，支撑高度应从地面开始测量，如图 4－35 所示。

图 4－35　斜向支撑

底柱与墙柱的正确连接方式应该是底柱与墙柱水平方向接触，此时的受力情况最为理想，如图 4－36 所示。

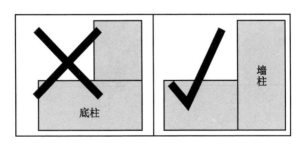

图 4－36　底柱与墙柱的连接

斜向支撑的辅立柱倾斜角度应为 45°。这表明斜撑的顶部插入点与底部插入点的距离相近,便于设计与制作。也可以通过换算公式实现 30°和 60°的斜撑辅立柱角度设计。

对角线支撑应通过适当的方法与墙体连接。可通过连接胶合板的方式增加斜向支撑与墙体的接触面积,有效分散荷载。图 4 - 37、图 4 - 38、图 4 - 39 是斜向支撑使用胶合板构件的应用情况。

图 4 - 37 分散荷载

图 4 - 38 单块胶合板

图 4 – 39 多块胶合板

为了防止支撑结构向后滑动，通常会在支撑结构后方平坦坚实的地面增加锚点。对于坚实地基、松软地基、高荷载支撑位置等情况，分级分类设置锚点连接形式与数量。

坚实地基锚点连接（图 4 – 40）应满足以下四点要求：①插入地面尺寸不低于 200 mm；②钢钎直径不低于 12 mm；③钢钎应该贯穿底柱，插入地面；④单独底柱至少使用 2 个锚点进行加固。

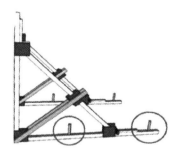

图 4 – 40 坚实地基锚点连接形式

松软地基锚点连接（图 4 – 41）应满足以下五点要求：①插入地面尺寸不低于 300 mm；②钢钎直径不低于 25 mm；③钢钎

应该贯穿底柱，插入地面；④至少使用 3 个规格为 150 mm × 50 mm ×450 mm 的垫片，平行放置在支撑底柱下方分散荷载；⑤单独底柱至少使用4个锚点进行加固。

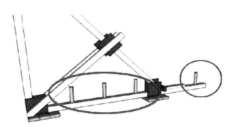

图 4 - 41　松软地基锚点连接形式

在高荷载支撑位置可引入阻力固定系统（图 4 - 42），应满足以下三点要求：①阻力固定系统一般放置在支撑结构的后面；②可将阻力固定系统和底柱锚点组合使用；③为了防止支撑结构滑动，可以延伸并连接阻力固定系统至附近牢固位置。

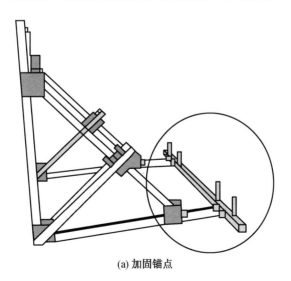

(a) 加固锚点

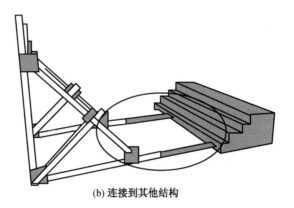

(b) 连接到其他结构

图 4 - 42　高荷载支撑位置阻力固定系统

斜向支撑（图 4 - 43）主要参数如下：

木材规格：100 mm × 100 mm；

固定块规格：750 mm × 100 mm × 50 mm；

护板规格：全尺寸护板（最小 300 mm × 300 mm）；

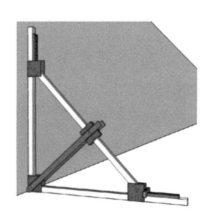

图 4 - 43　斜向支撑

斜拉杆规格：100 mm×50 mm 或 150 mm×50 mm；

水平支撑能力：1100 kg。

双立柱斜向支撑适用于严重开裂的墙体结构，如图 4-44 所示，主要参数如下：

木材规格：100 mm×100 mm；

固定块规格：750 mm×100 mm×50 mm；

护板规格：全尺寸护板（不低于 300 mm×300 mm）；

斜拉杆规格：100 mm×50 mm 或 150×50 mm。

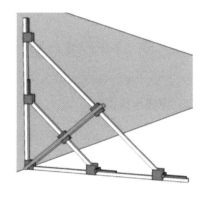

图 4-44　双立柱斜向支撑

为保持营救通道通行顺畅，当墙边或通道开口上方有碎片时，可利用悬空斜向支撑作为临时支撑使用，如图 4-45 所示，主要参数如下：

木材规格：100 mm×100 mm；

固定块规格：750 mm×100 mm×50 mm；

护板规格：全尺寸护板（最小 300 mm×300 mm）；

加固斜拉杆规格：100 mm×50 mm 或 150 mm×50 mm。

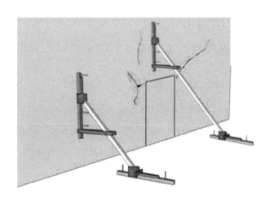

图 4-45　悬空斜向支撑（临时）

五、支撑结构的评估与选型

在进行支撑结构的选型前，通常应当对被支撑结构的情况进行快速评估，以便更好地匹配现场工作环境和支撑结构类型，通常包括以下六个方面：①被支撑结构的重量；②现存的未破坏结构的正常负荷能力；③被支撑结构的受损状况；④支撑稳定性与地面状况、角度的关系；⑤可获取的支撑材料及受困人员的位置；⑥结构水平、垂直方向的失稳风险。

以上这些因素将影响支撑的布设和类型的选择。支撑前要勘查建筑物顶部和底部、整体和邻近位置环境。检查是否有松动、位移或悬挂的碎块以及倒塌的风险；检查墙体材质、角度和承重性，例如承重墙承载着结构重量，若遭到破坏，会危及整体结构安全。如发现有潜在倒塌的危险，必须予以支撑。

所有支撑作业都应从受损结构下部开始，支撑结构设置完成后不宜再次挪动。

第四节　破拆技术

一、破拆技术定义

破拆技术是地震灾害紧急救援中应用最为广泛的技术之一。它是指救援队在地震灾害现场，根据救援现场实际情况，使用合理的装备器材，综合运用凿破、切割、剪切等技术手段，在混凝土构件或其他障碍物构件上创建营救通道的综合技术。根据现场条件和需要，破拆技术既可以单独使用，也可以与其他技术联合使用。破拆按照方向分水平破拆和垂直破拆。

水平破拆是从水平方向接近幸存者过程中的常用方法，其操作对象多为混凝土墙或砖墙，可采用的破拆方法有钻孔、凿破和切割等。水平破拆的目的是在墙体上创建一个通道口。

垂直破拆是从垂直方向接近幸存者过程中的常用方法，其操作对象多为有稳固支撑的未破坏或局部破坏的混凝土楼板，可采用的破拆方法有钻孔、凿破和切割等，其目的是在楼板上创建一个通道口。

破拆墙体或楼板时，先钻一个小的观察孔，利用该孔了解墙体或楼板后面的情况和被困人员的位置，评估破拆是否会造成结构失稳，避免对受困者造成伤害。如果怀疑破拆操作可能产生某一物体的不稳定时，应首先采取必要的支撑措施。应根据破拆对象的材质、形状、大小、厚度等参数确定破拆类型，尽可能选用性能参数最适合的工具。

二、破拆装备

破拆装备，按照运用的破拆方法分为切割、钻凿、扩张/挤压、剪断等类别。切割是用无齿锯（砂轮锯）、链锯、焊枪等工具或设备将板、柱、条、管等材料分离、断开。钻凿是用钻孔机、冲击钻、凿岩机等工具或设备将楼板、墙体等材料开孔、穿透。扩张/挤压是用扩张钳、顶杆等工具或设备将板、柱、条、管等材料分离、压碎。剪断是用剪切钳、切断器等工具或设备将金属板、条、管等材料断开。

金属破拆工具主要有铁皮剪、剪切钳、钢锯、往复锯、锉刀、机械钻、旋转锯（配金属切割锯片）、圆锯（带金属切割锯片）、气动凿、乙炔焊锯、氧气切割机、电弧切割机等。

木材破拆工具主要有斧、手锯、动力钻或手工钻、链锯、圆锯、往复锯、旋转锯等。

砌体和钢筋混凝土破拆工具主要有大锤或小锤、凿子、镐、撬棍或撬棍、破碎锤钻、旋转锤钻、旋转锯（配石头切割锯片）、液压水泥切割机、钻孔机、液压水泥切割链锯、汽油破碎机等。

切割钢筋混凝土的工具有往复锯、钢锯、剪切钳、焊枪等。

三、破拆方法

在破拆作业中，救援队员所面对的作业对象主要有金属、木材、钢筋混凝土墙和砖墙、加固钢筋混凝土构件等。面对不同的作业对象，所选用的装备也不相同，选择合适的破拆装备才能大大提高破拆效率。

（一）金属破拆

建筑物中存在的主要金属物有金属门窗、金属家具、建筑结构部件中的钢筋等，主要构成元素包括金属面板、型材、金属结构柱等。当在完整金属板上破拆营救通道时，主要采用选定合适位置进行切割、凿破和扩张；当以拆除残存金属构件为目的时，主要采用切割、剪切方法。破拆金属材料的基本程序如下。

（1）穿戴个人保护装备。

（2）选择合适的金属破拆工具。

（3）确保工作区域无危险。

（4）选择适当的操作位置，如敲击金属板以找到空心部位，避免切割较厚部件，增加作业时间。

（5）打探测孔，即将打穿前复核结构稳定性和被困人员安全。

（6）切开一个三角形的通道孔，其大小应保证人员通过。

（7）移走破拆下来的碎块，把尖锐的边棱用锉磨平、覆盖或者折弯，做好个人防护。

（8）如有必要，应建立支撑结构。

（二）木材破拆

废墟中的木质材料有门窗、家具及砖木结构建筑物的构件，如梁、柱、屋顶等。对倒塌建筑物废墟中木质物的破拆主要采用锯割、钻凿的方法。破拆木材的基本操作程序如下。

（1）穿戴个人保护装备。

（2）选择合适的工具。

（3）确保工作区域无危险。

（4）敲击木板以找到空心部位。

（5）打探测孔，即将打穿前复核结构稳定性和被困人员安全。

（6）切开一个三角形的通道孔，其大小应保证人员通过。

（7）移走切割下来的碎块，把尖锐的边棱用锉、刀、斧修平或覆盖，做好个人防护。

（8）如有必要，建立支撑结构。

（三）钢筋混凝土墙和砖墙破拆

对于完好的或者破坏较少的墙体障碍，可创建水平方向的通道口。对于倒塌或者处于水平状态的构件如混凝土楼板，可用垂直钻凿或顶升、移除的方法。钻凿无筋砌体可能会引起二次倒塌或者造成结构不稳定。通常应该寻找已存在的水平缺口，如没有，可选择重新垂直钻凿开辟营救通道的方法。

钢筋混凝土墙的强度远高于砖墙，但砖墙的厚度通常要大于

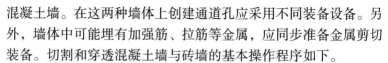

混凝土墙。在这两种墙体上创建通道孔应采用不同装备设备。另外，墙体中可能埋有加强筋、拉筋等金属，应同步准备金属剪切装备。切割和穿透混凝土墙与砖墙的基本操作程序如下。

（1）穿戴个人保护装备。

（2）选择合适的工具。

（3）确保工作区域无危险。

（4）打探测孔，即将打穿前复核结构稳定性和被困人员安全。

（5）若在钢筋混凝土墙或砖墙上钻凿三角形营救通道时，应从三角形的底部开始操作，还要避免切割过深；对于空心水泥板，应首先找到脆弱的空心部分破入；对于砖墙，应从缝隙位置切入。

（6）移走切下的碎块，不要将碎块堆在工作场地。

（7）如有必要，建立支撑结构。

（四）加固钢筋混凝土构件破拆

加固钢筋混凝土构件的加固方式主要有普通钢筋加固、预应力钢筋加固和钢索加固。对于不同加固方式的混凝土构件的破拆是有区别的。救援人员必须区分钢缆与钢筋加固，因为切割预应力钢缆可能会导致楼板或者结构的垮塌。通常，救援队员不可随意切断拉紧的钢缆，应在结构工程师的指导下进行。切割和穿透加固混凝土的程序如下。

（1）穿戴个人保护装备。

（2）选择合适的工具。

（3）确保工作区域不涉危涉险。

（4）打探测孔，即将打穿前复核结构稳定性和被困人员安全。

垂直破拆创建矩形营救通道的基本操作程序如下。

（1）在要切开的区域中间先钻一个小孔，以便能够利用钩、杆等器具来控制并提起切下的混凝土块。

（2）在与被切构件表面的法线成 10°～20° 角的方向，用锯切开矩形的两个对边；避免切下墙体碎块的掉落。

（3）以与平行法线的方向切开矩形的剩余两边。

（4）利用中间的小孔把切块提起来。如果混凝土的厚度比锯片的长度大，可先用凿子凿，并移走碎片。

水平破拆创建三角形营救通道的基本操作程序如下。

（1）从三角形的底边开始切割。

（2）切开三角形的剩余两边，使三角形上部的两个切口与墙体法线方向有 5°～10° 的偏移角度，这可以防止切下的墙体块掉入里面伤及墙后的幸存者；切割时应避免切下墙体碎块的掉落。

（3）如果混凝土厚度比锯片的长度大，则先用凿子从底部开始向上凿，并移走碎片。

营救通道形状可根据现场条件灵活选用；当遇到钢筋或者钢缆加固的混凝土时，要采用不同的方法；先使钢筋周围的混凝土破坏，以便工具能够有足够的工作空间，然后用往复锯、断线钳、钢筋钳或焊枪切开每根钢筋。如果需要切开钢缆，宜使用焊枪，一次切断一根，使缆线的张力慢慢释放；如果需要，应建立支撑结构。

四、破拆技术操作要点

在地震灾害发生后，救援队员到达现场，救援过程中会面临各种各样的救援环境，只有熟悉和掌握破拆对象的各种属性、特征、结构及构成，才能在救援过程中提高救援效率，为受困者赢得宝贵的时间。破拆技术操作要点如下。

（1）为正确选择破拆工具，必须对该工具的性能和局限性有详细的了解。同时必须在这些工具实际性能的允许范围内使用。

（2）当切穿墙体或者地板时，要时刻小心，避免伤害被困

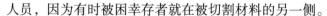

人员，因为有时被困幸存者就在被切割材料的另一侧。

（3）破拆操作前，必须仔细观察破拆对象的状况，并预估可能产生的后果或其他意外情况。

（4）破拆操作过程中，操作人员和安全员均应时刻注意可疑的声响和瓦砾掉落情况。

（5）要避免对废墟承重结构件的破拆，否则极易破坏残存结构的整体性和稳定性。

第五节　顶　升　技　术

一、顶升技术定义

顶升技术是指在创建营救通道过程中遇到的可移动（或部分移动）的、强度高且重量大（或上覆物较多）的废墟构件，需对其采取垂直、水平或其他方向的顶升与扩张方法。同破拆技术一样，顶升操作也是以创建通道口、清除营救通道阻碍物并救出幸存者为目的。顶升的对象通常包括倒塌的混凝土墙体、柱、梁和层叠状的楼板等。

垂直顶升适用于建筑物废墟中倒塌构件呈上下堆叠的情况。为了营救其中的被压埋人员，可采用垂直顶升操作。根据堆叠构件大小、重量、稳定条件和彼此间隙，选择合适的液压或气动顶升设备和顶升点、支点位置，使部分堆叠构件在垂直方向上发生位移，从而形成水平通道入口。垂直顶升操作过程中，除应关注堆叠废墟的上、下两部分的变化外，还应注意左右两侧会否因垂直方向的位移而发生倒塌情况。垂直顶升操作后，应采取支撑（垫块）的方法使废墟处于稳定状态。

水平顶升是应用于倒塌构件彼此呈左右挤靠的情况。为了从挤靠的倒塌构件缝隙处创建营救通道口，可采用水平顶升方法使被挤靠的倒塌构件向一侧或两侧移动。根据被挤靠构件的大小、重量、稳定条件和有效的外侧移动空间，选择合适的液压或气动顶升设备和顶升点、支点位置。水平顶升操作过程中应注意挤靠构件移动中的倾斜状态变化和可能造成的破坏及倒塌情况。水平顶升操作后，应采取支撑（垫块）的方法使废墟处于稳定状态。

顶升操作之前应先了解废墟的结构组成，分析废墟构件静力学关系，然后再选择可靠的顶升支点和适当的顶升设备。顶升计算是根据倒塌废墟的建筑结构类型、建筑材料与现存状况，估算被顶升体的重量及静力参数数据，预估其在顶升操作后形成的新稳定状态；同时，分析可选的顶升位置、顶升支点数量及顶升距离，估算各点顶升力的大小，从而选用适当的顶升设备、方法和程序。

顶升支点的选择受被顶升物的形状、质心位置、支点表面强度及所需支持力大小等因素限制，多数情况下需采取其他准备措施，如垫块、钻凿方法等使顶升支点能满足顶升操作的需求。

二、顶升装备

顶升装备可分为液压顶升装备和气动顶升装备两类。

（一）液压顶升装备

液压顶升装备一般由机动液压泵、液压管和液压顶升工具组成。常用的液压顶升工具有双向单级顶杆、单向双级顶杆和液压千斤顶等。另外，液压扩张器、千斤顶、开缝器也是顶升操作中必要的辅助工具。

液压顶升装备的常用附件包括：顶升底座、牵拉链条、各种用途的顶升头、延长杆等。液压顶升装备的主要特点是：顶升头小，顶升力与顶升距离较大，可以任意角度进行顶升操作，但需要足够的顶升附件放置空间。

（二）气动顶升装备

气动顶升装备一般由充气机、高压储气瓶、输气管、气动顶升工具和空气压力控制附件等组成。常用的气动顶升工具有高压

气垫、气球和低压顶升气袋三种。

气动顶升装备依据的原理为：压强×接触面积=作用力。

一般高压气动顶升工具的工作压力为 8～10 bar，低压气动顶升工具的工作压力为 0.5～1.5 bar。

气动顶升装备的主要特点是：易于携带、操作简便、拆解迅速、顶升面积大、顶升力大（与气压和接触面积成正比）、顶升距离范围广，可以任意角度进行顶升操作，所需的装备安置空间小。

三、顶升方法

建筑物倒塌废墟场地的顶升操作主要有两种：单支点顶升和多支点顶升。

（一）单支点顶升

单支点顶升是仅在一个位置（顶升支点）进行的顶升。单支点顶升方法多用于水平移动废墟构件的一端，或扩张受压变形的构件。单支点顶升要求能够提供足够顶升反力的支点位置及良好的表面条件。

单支点顶升操作所用的装备通常为液压顶升装备，并辅以高强度垫块。

（二）多支点顶升

多支点顶升是在被顶升物的多个位置同时进行顶升的操作。多数情况下应是两点或多点顶升，如两个千斤顶、两个气垫同时使用。多点顶升方法减小了单个顶升装备的反作用力，能够增强顶升作业中的安全性和废墟稳定性。

多支点顶升的关键在于对一个物体进行顶升时，多个支点上的顶升速度应基本一致；通常采用双输出机动液压泵及液压顶升工具进行，而且多个支点的反作用力不易使支持构件发生破坏。

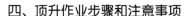

四、顶升作业步骤和注意事项

（一）顶升作业步骤

（1）评估被顶升物的组成结构及稳定性，进行顶升计算分析。

（2）根据任务需求，确定顶升类型、顶升方法和顶升装备。

（3）选定顶升支点位置，确定顶升操作的步骤。

（4）准备顶升装备。

（5）将顶升工具放入顶升支点，如空间太小，应利用开缝器进行扩展。

（6）按设计的操作步骤实施顶升操作，并监控安全状况。

（7）达到顶升目标位置后，利用木材或垫块等在顶升支点处对被顶升物进行支撑。

（8）缓慢取出顶升装备。

（二）顶升作业注意事项

（1）液压撑杆的延长杆不能连接在柱塞延伸一侧的端部。

（2）使用撑杆和千斤顶时，其底部和顶部一般应加防滑垫块，接触部位应足够坚硬。

（3）只要有可能，应使用两个千斤顶，并放置在两个不同的顶升点上。

（4）高压顶升气垫的使用时，应保证气垫整体都承受负荷，否则会减少顶升力，并可能引起气垫侧翻或被挤出。

（5）气垫与被顶升物和支撑物的距离要足够小。

（6）气垫在使用后应检验有无损坏或化学腐蚀、轻度割伤。

（7）为防止被顶升构件发生意外滑动，在顶升前应确定支点并采取必要的加固措施。

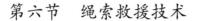

第六节　绳索救援技术

一、绳索救援技术定义

绳索救援技术在各种灾害现场搜救行动中发挥着重要作用。在城市高层建筑、工业和娱乐设施、野外山地等环境下的救援行动中，救援队员需要通过丰富的经验选择随身携带的装备种类和数量，在争分夺秒的救援现场，架设安全、高效的救援系统。其中，城市高空救援通常会架设垂直、水平和斜向等救援系统来营救位于危险位置的受困者；而山岳救援通常会架设大跨度、长距离的转运系统来营救发生坠落意外的受困者。因此，绳索救援是一项非常有用的现场营救技术，每位救援队员都必须熟练掌握，并应通过定期的训练加以巩固。本章节引用部分北美绳索救援技术标准和欧洲工业双绳技术标准，其中涉及的理念、技术和装备仅提供参考，请结合现场实际环境灵活使用。

接受测评的救援队伍需要具备以下能力要求：①能够进行风险评估，以便在绳索作业开始前制定计划；②需要架设一个垂直系统，将模拟的"受困者"垂直提升或下放至少 10 m 的高度；③需要架设一个横向系统，将模拟的"受困者"从高点斜向转移到低点，高低落差至少 10 m。

二、绳索救援装备

绳索救援装备的用途多种多样并且具有很高的实用性，是每支专业救援队的必配装备。很多救援行动的实践证明，当拥有绳索营救装备和掌握绳索救援技术时，对救援现场可能出现的各种各样情况就多了一种有效的应对措施。

（一）头盔

高空防坠落头盔用于高空作业、救援、户外探险等。坚固的外壳材料能承受意外撞击；透气舒适的悬挂内衬能够降低意外坠落造成的伤害。

（二）全身式安全带

全身式安全带（图4-46），常用于防坠落、工作限位与悬挂，通常采用五挂点设计。胸前与背后挂点用于连接防坠落系统；腰部两侧挂点用于连接工作限位系统；腹部挂点用于连接悬挂系统；内置胸式上升器，用于绳索上攀作业。

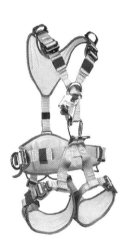

图4-46　全身式安全带

（三）止坠器

止坠器（图4-47），通常和安全带的胸部或背部挂点相连，正常工作时，不需要人为干预止坠器便可跟随使用者在绳索上自由移动。止坠器需要和势能吸收带共同使用，如遇坠落冲击或突然加速时，止坠器将在绳索上制动并制止使用者的下坠，势能吸收带通过织带撕裂吸收对使用者的冲击力。

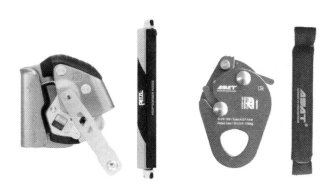

图 4 - 47　止坠器

（四）挽索

挽索（图 4 - 48），通常与全身式安全带组合使用，专为在垂直行进、水平行进以及通过中间锚点时而设计。

图 4 - 48　挽索

（五）主锁

主锁在绳索系统中无处不在，用于将系统组件连接在一起，例如绳结和锚点系统，有时被称为扣环或 D 形环。主锁拥有比其他硬件更脆弱的部件，需要细致严谨的安全操作。目前使用较多的主锁类型是 O 形锁、D 形锁和梨形锁，如图 4 - 49 所示。

图 4 - 49　主锁

（六）绳索控制类

1. 下降器

下降器（图 4 - 50），通常用于消防、工业及军警等需要绳索技术的环境，可用于单人上升、下降等操作，也可用于救援人员协助其他人上升或下降，帮助救援人员迅速到达目标位置。

图 4 - 50　下降器

2. 上升器

上升器（图4－51），为轻巧、便捷的工业设计，为使用人员提供舒适有力的抓握感，备有左手及右手型号，可供不同使用习惯的人员选择。

图4－51　上升器

3. 电动绳索控制器

电动绳索控制器（图4－52），能够满足大多数环境对于上升下降、提拉下方、横渡牵引等需求，同时具有负载大、行程长和可远程遥控的特点。操作人员可以安全、高效地完成以往绳索技术中使用人力操作的技术环节。

图4－52　电动绳索控制器

（七）滑轮

滑轮（图 4 - 53），用于改变移动绳索的方向和建立倍力系统。

图 4 - 53　滑轮

（八）锚点类

1. 分力板

分力板（图 4 - 54）通常用于救援系统的拓展架设，可以快速连接多个装备，也可通过不同方向的受力连接，形成稳定的锚点系统。

图 4 - 54　分力板

2. 扁带

扁带（图4-55），通常用于设置简易临时确定点。扁带的材质采用强力尼龙纤维编制，耐磨性较强。

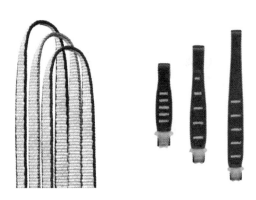

图4-55　扁带

3. 钢缆

钢缆（图4-56）通常采用镀锌钢，具有耐切割、抗磨损、高强度等特点。它提供多种与锚点连接的方式，可直接连接在锚点上或绕在合适的结构上。

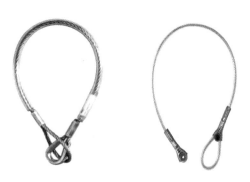

图4-56　钢缆

（九）绳索

尼龙纤维制成的绳索（图 4 - 57），具有高强度、高耐磨的特点，可较高效地吸收冲击荷载。但其强度损失高达 23%，而且尼龙纤维吸水后会增加重量，一些酸性液体或气体也容易损坏尼龙纤维。

图 4 - 57　绳索

（十）边角保护器

边角保护器（图 4 - 58），可保护绳索减少磨损；边缘保护套上的边缘环引导装置可引导不同的绳索锚定线，使绳索顺畅通行。

图 4 - 58　边角保护器

（十一）绳包

绳包（图 4 - 59），包身和包底部一体成形的结构提高了强度，带有衬垫的后背、腰带和肩带适合长距离背负；适合在复杂环境下使用，并配有放置识别卡片的口袋；腰带、肩带和背部均有衬垫，提高了背负的舒适性。

图 4 - 59　绳包

（十二）照明类装备

照明类装备通常用于夜晚和受限空间的黑暗环境，采用充电式的多光束发光模式，适合多种使用环境，如图 4 - 60 所示。

图 4 - 60　照明类装备

三、基础绳结

绳结是绳索救援系统中的重要组件，下文介绍了救援中的常用绳结，它们强度可靠、操作简单、易于松解，如图 4 - 61 至图 4 - 67 所示。

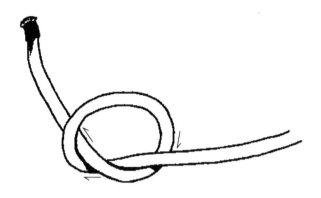

图 4 - 61 单结

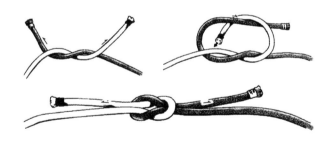

图 4 - 62 双平结

四、绳索救援系统

（一）锚点

1. 环绕锚点

如图 4 - 68 所示，通常使用水结连接的扁带环绕物体多圈，

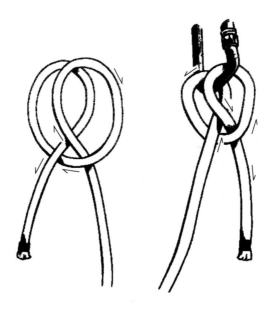

图 4 – 63　卷结

图 4 – 64　双渔夫结

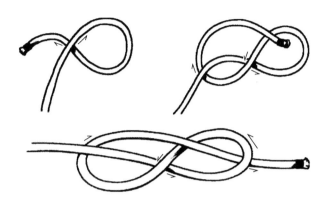

图 4 - 65　单 8 字结

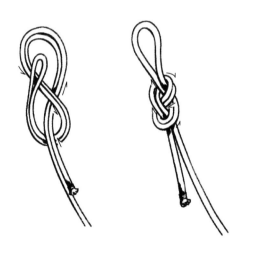

图 4 - 66　双 8 字结

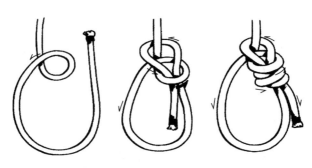

图 4 – 67 布林结

其中可分为一圈环绕（单绕）、双圈环绕（双绕）、绕两圈拉一圈（绕二拉一）、绕三圈拉两圈（绕三拉二）、使用梅陇锁连接制作固定锚点等类型。

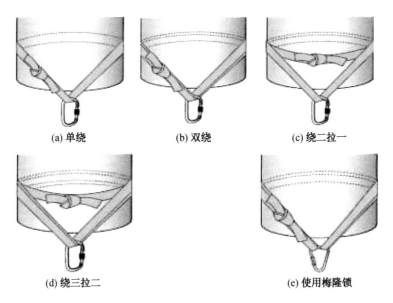

(a) 单绕　　　　　(b) 双绕　　　　　(c) 绕二拉一

(d) 绕三拉二　　　　　　　(e) 使用梅隆锁

图 4 – 68 环绕锚点

2. 分力锚点系统

当用单一锚点强度不够时，可使用多个锚点组合的方法来架设锚点系统，该系统的工作绳的受力方向不能调整，如图 4－69 所示。分力系统两侧组件间的角度应尽量小于90°。

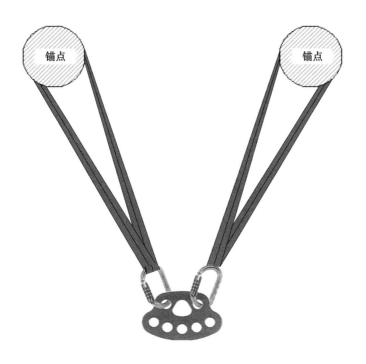

图 4－69 分力锚点系统

3. 均力锚点系统

当用单一锚点强度不够时，可使用多个锚点组合的方法来架设锚点系统，该系统的工作绳可以在一定范围内调整受力方向，如图 4－70 所示。均力系统两侧组件间的角度应尽量小于90°。

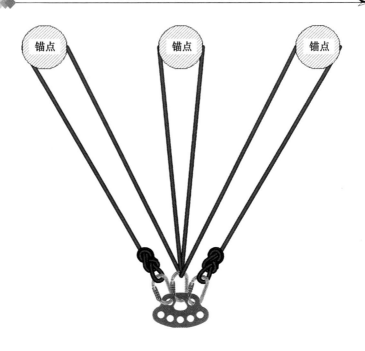

图4-70 均力锚点系统

（二）保护系统

保护系统包括使用串联普鲁士抓结保护、使用 MPD 控制器保护、使用540°止停滑轮保护，如图4-71至图4-73所示。

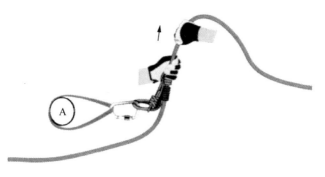

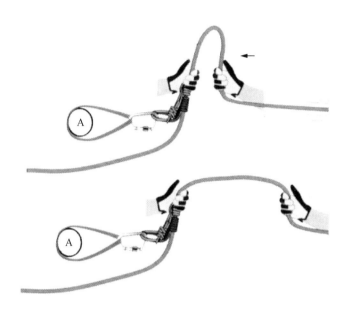

图 4 - 71　串联普鲁士抓结保护

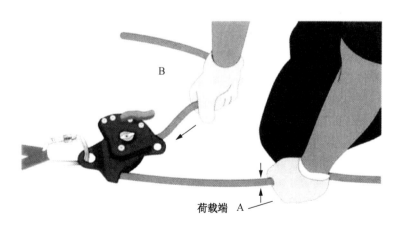

图 4 - 72　MPD 控制器保护

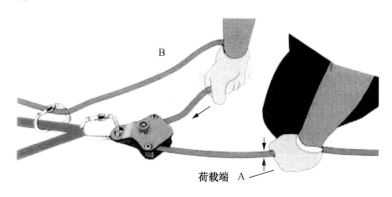

图 4 - 73　使用 540°止停滑轮保护

（三）机械增益

提升系统可通过滑轮机械增益的连接方式进行拖拉，滑轮组减小了救援人员的拖拉力，因此一个人也可以轻松拉动较高重量，如图 4 - 74 所示，展示了滑轮组 1 ~ 3 倍力的架设方法。

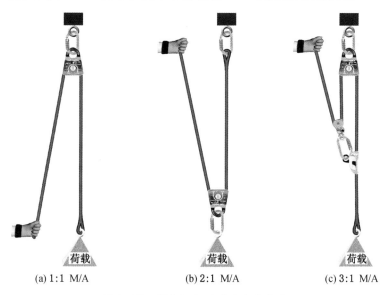

(a) 1:1 M/A　　　　　(b) 2:1 M/A　　　　　(c) 3:1 M/A

图 4 - 74　滑轮组 1 ~ 3 倍力架设方法

（四）提升系统

图4－75a展示了提升过程中采用单紧绷绳系统（DMDB系统）的架设方法；图4－75b展示了提升过程中采用双紧绷绳系统（TTRS系统）的架设方法。

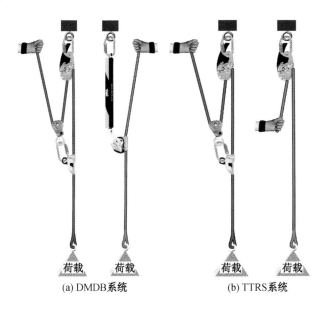

(a) DMDB系统　　　　　(b) TTRS系统

图4－75　提升系统架设方法

（五）下放系统

图4－76a展示了下放过程中采用单紧绷绳系统（DMDB系统）的架设方法；图4－76b展示了下放过程中采用双紧绷绳系统（TTRS系统）的架设方法。

（六）担架操作

1. 低角度担架陪护

如图4－77所示，展示了低角度环境下，救援人员可以正常站立行走状态时，可以通过自身安全带上的牛尾、短绳、扁带等

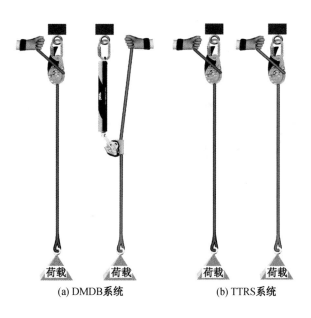

(a) DMDB系统　　　　　　(b) TTRS系统

图 4 - 76　下放系统架设方法

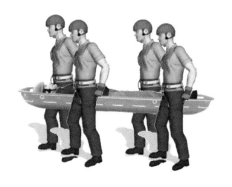

图 4 - 77　低角度担架陪护

装备与担架进行连接，陪护伤患时与担架行进路线保持一致。

2. 高角度担架陪护

如图 4 - 78 所示，展示了高角度环境下，救援人员无法正常站立行走状态时，需要通过自身安全带上的牛尾、短绳、扁带等装备与担架进行连接，陪护伤患时与担架行进路线保持一致。

图 4 - 78　高角度担架陪护

（七）垂直救援系统

垂直救援系统适用于高低落差较大的垂直环境，例如城市高层建筑、工业娱乐设施和野外山地环境。垂直救援系统通过绳索控制器和滑轮组等装备，将伤患快速上下转移，如图 4 - 79 所示。

（八）斜向救援系统

斜向救援系统适用于由高处向低处，有一定跨度距离的伤患转移情况，如图 4 - 80 所示。斜向救援系统在垂直救援系统的基础上增加了轨道绳（两根绳索），通过主绳和保护绳牵引控制滑轮的移动速度，既可以向下运送担架，也可以向上拖拉担架。

图 4 - 79　垂直救援系统

图 4 - 80　斜向救援系统

（九）水平救援系统

水平救援系统适用于两处高度相近，有一定跨度距离，并且需要在轨道绳（两根绳索）的任意位置下放或提升担架的情况。在轨道绳的两侧，分别架设水平牵引系统和由滑轮进行机械增益的垂直提升系统，如图 4-81 所示。保护系统既可以使用普鲁士抓结，也可以单独使用另一根绳索。

图 4-81 水平救援系统

第五章　现场医疗急救技术

第一节　地震灾害现场常见伤害

地震灾害会造成大量的人员伤亡，其直接原因是建筑物破坏倒塌时，受害者受到猛烈砸击或被废墟瓦砾埋压。地震对伤员的伤害以机械性创伤为主；同时，地震会产生严重的次生灾害，导致大量人员受到烧伤、窒息以及其他伤害。对此进行快速、有效的现场医疗救助，是减少人员伤亡的重要措施之一。

地震灾害现场的主要伤害有压伤、砸伤、钝器伤、污染的空气造成的伤害、缺少水和食物造成的伤害、精神伤害与原有疾病的复发等。本节主要介绍肢体阻隔综合征和挤压综合征。

一、肢体阻隔综合征

肢体阻隔综合征的形成是由于肢体肌肉被卡在一个封闭空间内，因肌肉纤维和神经的破坏造成的肿胀引起肌肉内的压力增高。

肢体阻隔综合征经常要历经几个小时的发展才会形成，可能是由压伤、开裂的骨折、持续的压迫或血液回流造成肌肉所受压力增大且持续的时间长，最终造成软组织坏死。

肢体阻隔综合征可在身体的许多部位发生，常出现的位置是前臂、小腿和大腿。

引起肢体阻隔综合征主要有两个原因：一是肌体组织的肿胀处没有可用空间；二是肿胀处的压力不断增加。

　　肢体阻隔综合征主要症状如下：①在无知觉的病人肢体上存在肿胀；②严重的疼痛，不规则的创伤；③被阻隔肢体的肌肉长时间疼痛；④脉搏微弱；⑤毛细血管血液回流微弱；⑥被影响的手足敏感度降低；⑦休克；⑧脱水；⑨被影响的肢体丧失运动功能。

二、挤压综合征

　　挤压综合征是指在人体肌肉丰富的部位（如四肢、躯干等）受到打击、挤压等钝性外力作用下，肢体或大面积肌肤被压迫，造成长时间的血液循环障碍，从而使血液中的毒素升高，软组织严重受损所造成的一系列局部和全身综合征。

　　当某一肢体夹在两个物体之间长时间承受压力时会导致挤压综合征。这是在倒塌建筑物中被压埋人员常常遇见的问题。由于肢体末梢失血而造成的肿胀是这类症状的主要表现。

　　当挤压伤员躯体的物体被移走的时候，即使给伤员包扎止血带，病人也会遭受痛苦。而那些由于躯体被压迫而导致体液被阻隔在血液里产生的毒素，在阻隔被解除后回流到心脏常常会带来致命的后果。

　　根据对挤压综合征病人的研究，如果病人及时接受适当的治疗，大约有 60% 的病人可以存活下来。并不是所有受害者中都会出现挤压综合征。一般来说，引起挤压综合征有以下三个方面条件：①涉及大面积的肌肉；②过长时间的重压；③危及血液循环。例如，一只手被卡住是不太可能引起挤压综合征的。可能出现这种症状的平均挤压时间是 4 ~ 6 h，但也有挤压时间不到 1 h 就可能产生该症状。

　　当处理不确定的压伤病人时，救援人员面临的主要问题是劝阻那些乐于助人的旁观者，不要在治疗以前试图移去压在伤员肢体上的物体。

第二节　现场检伤分类

一、救治优先原则

现场检伤分类分为四个等级（表5-1），目的在于区分患者的轻重缓急，使危重而有救治希望的患者得到优先处理。

表5-1　现场检伤分类等级表

等　级	判　断　参　考
第一优先 TOP PRIORITY （危重）	• 生命体征明显异常 • 重要脏器或部位严重损伤 • 严重休克
第二优先 2nd PRIORITY （严重）	• 头、颈、胸、腹，脊椎开放伤 • 可给予延迟救护者，不致影响生命
第三优先 3rd PRIORITY （轻度）	• 受伤较轻，可行走者，一般采用自救互救 • 无内脏伤，仅有体表伤或单纯闭合性骨折
死亡 DEAD	• 心搏和呼吸停止超过10 min，未进行CPR • 伤员头颈、胸、腹任一部位粉碎性破裂或完全断离 • 生物学死亡，无抢救价值

二、简单分类及快速处置 S. T. A. R. T

S. T. A. R. T 的全称是 Simple Triage And Rapid Treatment，即简单分类及快速处置。当灾害现场出现大量伤者，而医疗资源明显不足时，搜救队员需要根据伤者的情况来决定现场治疗和送往医院的优先次序。简单分类及快速处置的优点是检查每名伤者所需时间大约 30～60 s，能快速和有效地识别有生命危险的伤者。该处理步骤在伤员转移之前进行。伤员的分类依据视其伤情的严重程度，宜同步使用检伤分类相关标识标记工具加以区分，如伤情识别卡（图 5-1）等。

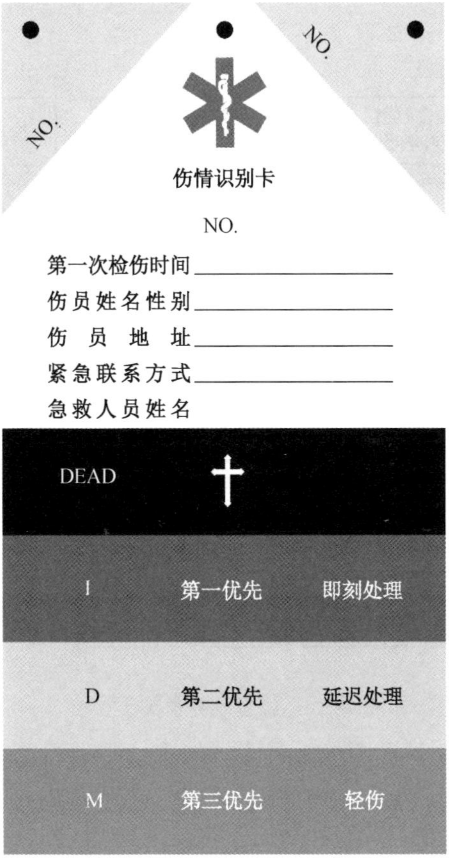

伤情识别卡

NO.

第一次检伤时间 _____

伤员姓名性别 _____

伤员地址 _____

紧急联系方式 _____

急救人员姓名

DEAD	✝		
I	第一优先	即刻处理
D	第二优先	延迟处理
M	第三优先	轻伤

图 5-1　伤情识别卡

STart = 简单分类（Simple Triage），START 的第一步，主要根据伤势及治疗优先级决定伤者分类的过程。

stART = 快速处置（And Rapid Treatment），START 的第二步，主要根据第一阶段的评估和优先级别对伤者进行快速处置。

三、检伤分类的步骤和程序

检伤分类的步骤和程序，如图 5-2 所示。

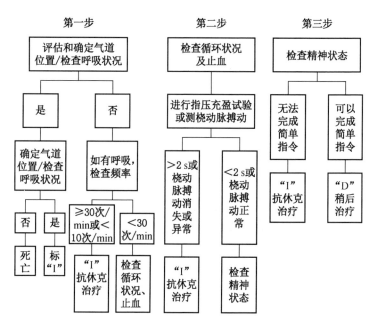

图 5-2　检伤分类步骤及程序

首先呼喊、指挥可以行走的伤员。如果伤员能够行走，标记为第三优先，指引他们到安全区域。

然后检查 R. P. M（呼吸 Respiration、循环 Perfusion、精神状态 Mental Status）。如果没有呼吸，开放气道，若仍无，标记

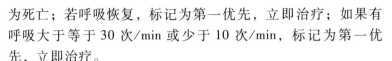

为死亡；若呼吸恢复，标记为第一优先，立即治疗；如果有呼吸大于等于 30 次/min 或少于 10 次/min，标记为第一优先，立即治疗。

若呼吸小于 30 次/min，检查循环，如果指压充盈试验（测试毛细血管再充盈状况）大于 2 s 或测试桡动脉搏动消失或异常，标记为第一优先，立即治疗。

如果指压充盈试验（测试毛细血管再充盈状况）少于 2 s 或测试桡动脉搏动正常，则检查精神状态。若无法完成简单指令则意味着需要立即进行治疗，并标记为第一优先；若可以完成简单指令则稍后治疗，并标记为第二优先。

无论 S. T. A. R. T 还是 R. P. M，均为紧急救护人员或者接受过一般训练的非医务人士使用的简单分诊系统。

第三节 止 血 技 术

出血是创伤的突出表现，止血是创伤现场救护的基本任务。有效地止血，能减少出血，保存有效血容量，防止休克的发生。因此，现场及时有效地止血是挽救生命、降低死亡率，为伤者赢得进一步治疗时间的重要技术。

动脉血管压力较高，出血时血液自伤口向外喷射或一股一股地冒出，血液为鲜红色，速度快，量多，人在短时间内大量失血，危及生命；静脉出血呈暗红色，压力比动脉低，出血时血液呈涌出状或徐徐外流，速度稍缓慢，量中等；毛细血管出血，出血呈水珠样流出或渗出，呈鲜红色变为暗红色，出血缓慢，压迫出血部位即可止血。

以下是出血量的影响：①小于 5%，无明显症状，可自动代偿；②大于 20%，会出现休克早期症状，面白、出冷汗；③大于 40%，会出现心慌、呼吸快，脉搏摸不到，血压测不出，可导致死亡。

一、止血材料及方法

（一）止血材料

止血材料分为医用材料和生活代替物品。医用材料包括创可贴、敷料、绷带和三角巾等，生活代替物品包括毛巾、手绢、布料、衣服、领带和丝巾等。

（二）止血方法

1. 指压止血法

指压止血法是一种简单而有效的临时止血法，根据动脉走行位置，在伤口的近心端，用手指将动脉压在邻近的骨面上而止血，也可用无菌纱布直接压于伤口而止血，多用于头部、颈部及四肢的动脉出血。几个不同部位出血的指压止血法具体如下。

（1）面动脉压迫法。其用于眼以下的面部出血。在下颌角前约 2 cm 处，将面动脉压在下颌骨上。有时需两侧同时压迫，才能止住血。

（2）颞浅动脉压迫法。其用于同侧额部、颞部出血。在耳前对准下颌关节上方处加压。

（3）颈总动脉压迫法。其用于颈部出血。一般于喉结水平向左或右及后加压。

（4）锁骨下动脉压迫法。其用于同侧肩部和上肢出血。在锁骨上窝、胸锁乳突肌下端后缘，将锁骨下动脉向下方压于第一肋骨上。

（5）肱动脉压迫法。其用于同侧上臂下 1/3、前臂和手部出血。在上臂内侧中点、肱二头肌内侧沟处，将肱动脉向外压在肱骨上。

（6）桡、尺动脉压迫法。其用于手部大出血。救护者双手的拇指和食指分别压迫伤侧手腕的桡动脉和尺动脉，因为二者在手掌有广泛的吻合，所以必须同时压迫桡动脉和尺动脉。

（7）股动脉压迫法。其用于下肢出血。在腹股沟韧带中点下方压迫搏动的股动脉。

2. 加压止血法

用消毒纱布或干净毛巾、布料、折叠成比伤口稍大的垫子，放在伤口上，再用绷带加压包扎（图5-3）。包扎的压力应适度，以达到止血而又不影响肢体远端血运为度。包扎后若远端动脉还可触到搏动，皮色无明显变化即为适度。这种方法对多数伤员能够达到止血目的。

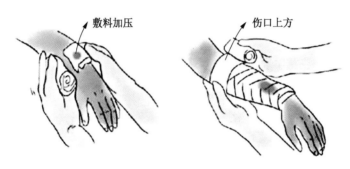

敷料加压　　　　　　　　伤口上方

图5-3　加压止血法

3. 填塞止血法

用消毒纱布、敷料（如没有，用干净的布料替代）填塞在伤口内，再用加压包扎法包扎。救护员和志愿者只能填塞四肢伤口。伤口内有碎骨片时，禁用此法，以免加重损伤。

4. 止血带止血法

止血带止血法是震后救护中对出血伤员常用的止血方法，多用于四肢较大的动脉出血，包括橡皮管止血带止血法、绞棒止血法。

（1）橡皮管止血带止血法。目前，制式止血带主要是橡皮管止血带。先在出血处的近心端用纱布垫或衣服、毛巾等物垫好，然后再扎橡皮管止血带。方法是：用左手（或右手）拇、食、中指夹持止血带头端，将尾端绕肢体一圈，后压住止血带头

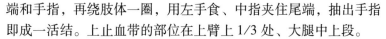

端和手指，再绕肢体一圈，用左手食、中指夹住尾端，抽出手指即成一活结。上止血带的部位在上臂上 1/3 处、大腿中上段。

（2）绞棒止血法。在无制式橡皮管止血带的情况下，可用三角巾、绷带、手帕、纱布条等较硬材料，折叠成带状，缠绕在伤口近心端（仍需加垫），并在动脉走行的背侧打结，然后用小木棒、铅笔等插入绞紧，直至不再出血为止。

5. 止血粉止血法

将止血粉直接撒在出血创面上，立即用消毒纱布加压包扎，即可达到止血目的。

二、注意事项

在止血过程中，应注意止血带的用法。止血带止血操作简便，但使用不当则会增加伤员痛苦，甚至造成残疾。在使用止血带时，必须注意以下六点。

（1）先扎止血带后包扎，若能用加压包扎等其他方法止血时，最好不用止血带止血。

（2）扎止血带要松紧适度，以达到压迫动脉为目的。太松仅仅压迫了静脉，使血液回流受阻，反而出血更多，并会引起组织瘀血、水肿；太紧可导致软组织、血管和神经损伤。

（3）上止血带前，先要用毛巾或其他布片、棉絮作垫，止血带不要直接扎在皮肤上；紧急时，可将裤脚或袖口卷起，止血带扎在其上。

（4）止血带必须扎在靠近伤口的近心端，而不强求标准位置。前臂和小腿扎止血带不能达到止血目的，故不宜采用。

（5）必须注明扎止血带的时间，以便在后送途中按时松解止血带。通常以每隔 1 h 松一次为宜，每次松 1~2 min。长时间结扎止血带后，突然放松止血带可能会导致血流量突然增高，增加末端血管再灌注损伤的风险，远端肢体长时间缺少血液供应，有可能导致组织损伤，定时松解止血带可有效避免上述情况发生。松解止血带时，要轻、慢，不能完全解除。扎止血带的总时间越短越好，最好不超过 5 h。如有外伤性截肢，而止血带又是扎在最靠近伤口时，则中途可以不松解止血带。

（6）出血伤员必须挂有明显的出血标志，并优先后送。寒冷季节应注意保暖。

第四节　包扎技术

包扎在救护中应用非常广泛，有止血、保护伤口、防止感染、扶托伤肢以及固定敷料夹板等作用。目前，常用的制式包扎材料有急救包、三角巾、绷带、四头带等。如没有现成的急救敷料，也可用干净的毛巾、被单、衣服等。

三角巾应用范围广、操作方法简便、易于掌握、包扎面积大、效果好，尤其是适用于大面积烧伤与软组织创面的包扎。使用三角巾时，首先撕开胶边一侧的剪口，取出三角巾后将其敷料放于伤口上，然后用三角巾包扎。

绷带包扎的目的是固定敷料或夹板，以防止移位或脱落；临时或急救时，固定骨折或受伤的关节；支持或悬吊肢体；对创伤出血，予以加压包扎止血。

一、包扎方法

（一）三角巾包扎法

按照人体受伤部位，运用三角巾，采用相应的包扎方式。

1. 头面部包扎

（1）帽式包扎法。将三角巾底边折叠约 2 指宽，放于前额眉上。顶角拉至脑后，左右两底角沿两耳上方往后，拉至脑后交叉，并压紧顶角；然后再绕至前额打结。顶角拉紧，向上反折，将顶角塞进两底角交叉处。此法适用于颅顶部的包扎。

（2）单耳或双耳带式包扎法。把三角巾折成带形，宽约 5

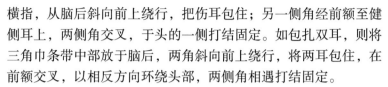

横指，从脑后斜向前上绕行，把伤耳包住；另一侧角经前额至健侧耳上，两侧角交叉，于头的一侧打结固定。如包扎双耳，则将三角巾条带中部放于脑后，两角斜向前上绕行，将两耳包住，在前额交叉，以相反方向环绕头部，两侧角相遇打结固定。

2. 肩部包扎

单肩燕尾式包扎法。将三角巾折叠成燕尾式，燕尾角放在肩部正中对准颈部，燕尾底边两角包绕上臂上 1/3 并打结，拉紧两燕尾角分别经胸背在对侧腋下打结。也可采用衣袖包扎，即沿腋下衣缝剪开双侧长袖至肩峰下约 8 cm 处，用一小带束臂打结；然后将衣袖向肩背部反折，袖口结带，经对侧腋下绕至胸前打结。

3. 胸（背）部包扎

（1）胸（背）部一般包扎法。三角巾底边横放在胸部，顶角从伤侧越过肩上折向背部；三角巾的中部盖在胸部的伤处，两底角拉向背部打结。顶角结带也和这两底角结打在一起。背部包扎则和胸部相反，即两底角于胸部打结固定。

（2）胸（背）部燕尾式包扎法。先将三角巾折成燕尾式，置于胸前，两燕尾底角分别结上系带于背后打结；然后将两燕尾角分别放于两肩上，并拉向背后，与前结余头打结固定。背部包扎与胸部相反，用两个边角在胸部打结。

（3）侧胸燕尾式包扎法。将三角巾折成燕尾式放于伤侧，两底边角带在肋部打结；然后拉紧两燕尾角，于对侧肩部打结。

4. 腹部包扎

（1）腹部兜式包扎法。将三角巾顶角朝下，底边横放于上腹部，两底角拉紧于腰部打结；顶角结一小带，经会阴拉至后面，同两底角的余头打结。

（2）腹部燕尾式包扎法。先在燕尾底边的一角系带，夹角对准大腿外侧正中线，底边两角绕腹于腰背打结；然后两燕尾角包绕大腿，并相遇打结。包扎时应注意：燕尾角夹成 90° 左右，向前的燕尾角要大，并压住向后的燕尾角。

5. 四肢包扎

（1）足（手）三角巾包扎法。其适用于手或足有外伤的伤员，包扎时一定要将指（趾）分开。将三角巾底边向上横置于腕部或踝部，手掌（足掌）向下，放于三角巾的中央，再将顶角折回盖在手背（足背）上；然后将两底角交叉压住顶角再于腕部（踝部）缠绕一周打结。打结后，应将顶角再折回打在结内。

（2）膝（肘）部三角巾包扎法。根据伤情，将三角巾折成适当宽度的条带状，将带的中段斜放于膝（肘）部，取带两端分别压住上下两边，包绕肢体一周打结。此法也适用于四肢各部位的包扎。

（3）上肢大悬臂带。其用于前臂伤和骨折（肱骨骨折时不能用），将肘关节屈曲吊于胸前，以防骨折端错位、疼痛和出血。

（4）上肢小悬臂带。其用于锁骨和肋骨骨折、肩关节和上臂损伤，将三角巾折成带状吊起前臂而不要托肘。

（二）绷带包扎法

身体各部位的绷带包扎法，大部分是由以下六种基本包扎法结合变化而成。

（1）环形包扎法。用卷轴带在身体的某一部分环形缠绕数圈。每圈均应盖住前一圈，如图 5 - 4 所示。此法多用于额部、颈部及腕部，或在其他各种包扎法时，用此法缠两圈，以固定绷带的始端与末端。

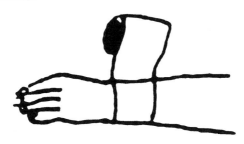

图 5 - 4　环形包扎法

（2）蛇形包扎法。用卷轴带斜行缠绕，每圈之间保持一定距离而不相重叠，如图5-5所示。此法用于固定敷料、扶托夹板。

图5-5　蛇形包扎法

（3）螺旋形包扎法。呈螺旋状缠绕，每圈遮盖前圈的1/3或1/2。此法用于上、下周径近似一致的部位，如上臂、大腿、手指或躯干等。

图5-6　螺旋折转包扎法

（4）螺旋折转包扎法。此法与螺旋包扎法相同，但每圈必须反折。反折时，以左手拇指压住绷带上的折转处，右手将卷带反折向下；然后围绕肢体拉紧，每圈盖过前圈的1/2或1/3，每一圈的反折必须整齐地排列成一直线，但折转处不可在伤口或骨突起处，如图5-6所示。此法多用于肢体周径悬殊不均的部分，如前臂、小腿等。

（5）"8"字形包扎法。用绷带斜形缠绕，向上、向下相互交叉做

"8"字形包扎，依次缠绕；每圈在正面与前圈交叉，并叠盖前圈1/3或1/2，如图5－7所示。此法多用于固定关节，如肘、腕、膝、踝等关节。

（6）回返包扎法。在包扎部先做环形固定，然后从中线开始，做一系列的前后、左右来回返折包扎，每次回到出发点，直至全部被包完为止（图5－8）。此法多用于指端、头部或截肢部。

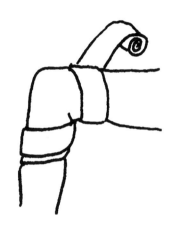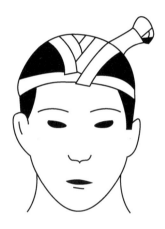

图5-7　"8"字形包扎法　　　　　图5-8　回返包扎法

二、包扎原则和注意事项

（一）包扎原则

（1）快。发现、暴露、检查、包扎伤口要快。

（2）准。包扎部位要准确。

（3）轻。动作要轻，不要碰压伤口，以免增加伤口流血和疼痛。不要压迫脱出的内脏，禁止将脱出的内脏送回腹腔内。

（4）牢。包扎牢靠、松紧适宜，打结时要避开伤口和不宜压迫的部位。

（5）细。处理伤口要仔细。当找到伤口后，先将衣服解开或脱去。在低温或其他应急情况下，可将衣服剪开或开窗，以充分暴露伤口；足受伤后，应脱掉鞋袜。伤口内的异物，不可随意取出，以防引起出血和内脏脱出。在可能情况下，伤口周围用乙醇或碘酒消毒，接触伤口面的敷料必须保持无菌，以防止加重感染。四肢包扎时，指（趾）端应露出，以便随时观察局部血液循环情况。

（二）包扎注意事项

（1）包扎时，每圈的压力须均匀，不能包得太紧，也不能有皱褶，但也不要太松，以免脱落。

（2）包扎应从远端缠向近端，开始和结束必须环形固定两圈，绷带圈与圈重叠的宽度以 1/2 或 1/3 为宜。

（3）四肢小伤口出血，须用绷带加压包扎时，必须将远端肢体都用绷带缠起，以免血液回流不畅发生肿胀。但必须露出指（趾）端，以便于观察肢体血液循环情况。

（4）固定绷带的方法，可用缚结、安全别针或胶布，但不可将缚结或安全别针固定在伤口处、发炎部位、骨隆凸上、四肢的内侧面或伤员坐卧时容易受压及摩擦的部位。

第五节　固　定　技　术

固定主要针对现场骨折固定，是创伤救护的一项基本任务。正确良好的固定能迅速减轻伤者疼痛，减少出血，防止损伤脊髓、血管、神经等重要组织，也是搬运的基础。骨折有以下主要特征：①畸形，骨折部位形态改变，如成角、旋转、肢体缩短等；②异常活动，骨折远近端之间可发生成角、旋转等异常活动，但不可刻意检查；③骨擦音及骨擦感，搬动伤肢可感觉到，也不用刻意检查。

骨折的其他症状体征包括：①疼痛，骨折局部剧痛并有明显压痛、间接压痛；②肿胀瘀血，骨折断端刺破周围血管、软组织损伤及骨髓腔出血是骨折后局部早期肿胀的原因；③功能障碍，骨的支撑、运动、保护功能受到影响或完全丧失，脊柱骨折可致截瘫；④休克，可见于严重骨折出血较多者。

一、固定方法

（一）上臂骨折固定

（1）夹板固定法。两块夹板分别放在上臂内、外两侧（如果只有一块夹板，则放在上臂外侧），用绷带或三角巾固定夹板的上、下两端，然后用小悬臂带将前臂悬吊于胸前，使肘关节屈曲，再用一折叠好的条带横放于前臂上方，连同小悬臂带及上臂与躯干固定在一起，起到限制肩关节活动的作用。

（2）躯干固定法。无夹板时，可将三角巾折叠成 10～15 cm 宽的条带，其中央正对骨折部位，将上臂直接固定在躯干上，再用小悬臂带将前臂悬吊于胸前，使肘关节屈曲。

（二）前臂骨折固定

（1）夹板固定法。将两块长度为从肘至手心的夹板分别放在前臂的手掌侧与手背侧（如只有一块夹板，放在前臂手背侧），在伤者手心垫好棉花等软物，让伤者握好夹板，腕关节稍向掌心方向屈曲，然后分别固定夹板两端，再用大悬臂带将前臂悬吊于胸前，使肘关节屈曲。

（2）衣襟、躯干固定法。无夹板时，可利用伤者身穿的上衣固定。将伤侧肘关节屈曲贴于胸前，把手插入第三、四纽扣间的衣襟内，再将伤侧衣襟向外反折、上提翻起，把伤侧衣襟下面与健侧衣襟上面的纽扣与扣眼相扣（也可用带子将伤侧的衣襟下角与健侧的衣领系在一起），最后用腰带或三角巾条带经伤侧肘关节上方环绕一周打结固定，使上臂与前臂活动均受到限制。

（三）大腿骨折固定

（1）夹板固定法。伤者仰卧，伤肢伸直。用两块夹板分别放在大腿内外两侧。外侧夹板长度从腋窝至足跟，内侧夹板长度从大腿根部至足跟（如果只有一块夹板，则放于大腿外侧，将健肢当作内侧夹板），关节处与空隙部位加衬垫；然后用布带固定骨折部位的上下两端，再分别固定胸部、腰部、膝部。踝部与足部一般采用"8"字形固定。

（2）健肢固定法。无夹板时，可用布带将伤肢与健肢固定在一起，两膝与两踝之间应加衬垫，先固定骨折部位上、下两端，再固定膝关节以上与踝关节处。踝部与足部一般采用"8"字形固定。

（四）小腿骨折固定

（1）夹板固定法。用两块长度从大腿下段至足跟的夹板分别放在小腿的内、外两侧（只有一块夹板时，放于小腿外侧，将健肢当作内侧夹板），关节处加衬垫后，先固定骨折部位上、下两端，再固定大腿中部、膝部、踝部。踝部与足部一般采用"8"字形固定。

（2）健肢固定法。无夹板时，用布带将伤肢与健肢固定在一起，两膝与两踝之间应加衬垫，先固定骨折部位上、下两端，再固定膝关节以上与踝关节处。踝部与足部应采用"8"字形固定。

二、固定注意事项

（1）遵循先救命、后治伤的原则。如心跳、呼吸已停止，应立即进行 CPR；如有大血管破裂出血，应立即采取止血措施，防止创伤失血性休克。

（2）开放性骨折，必须先止血，再包扎，最后固定，顺序不可颠倒；闭合性骨折直接固定即可。

（3）下肢或脊柱骨折，应就地固定，尽量不要移动患者，以免加重损伤。

（4）固定骨折所用的夹板的长度与宽度要与骨折肢体相称。

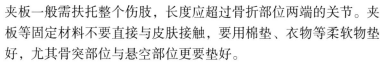

夹板一般需扶托整个伤肢，长度应超过骨折部位两端的关节。夹板等固定材料不要直接与皮肤接触，要用棉垫、衣物等柔软物垫好，尤其骨突部位与悬空部位更要垫好。

（5）上肢骨折固定时，肘关节一般屈曲；下肢骨折固定时，应伸直。

（6）严禁将外露的骨折断端送回伤口内，以免加重污染与损伤。

（7）固定的目的只是限制肢体活动，不要试图复位。如肢体过度畸形，可固定近端，沿近端长轴牵拉远端，大致对位对线即可，然后固定。

（8）四肢骨折用夹板固定时，一般先固定近心端，后固定远心端；但下肢骨折以健肢固定时，应先固定足踝，以限制伤肢短缩和旋转。

（9）固定、捆绑带的松紧度要适宜，固定带可上、下移动1 cm为宜，过松达不到固定的目的，过紧会影响血液循环，导致肢体坏死。

（10）捆绑带不得捆绑在骨折的部位。

（11）四肢骨折固定时，应露出指（趾）端，以便观察血液循环情况，如出现苍白、青紫、发冷、麻木等表现，应立即松解，查清原因，重新固定，以免肢体缺血、坏死。

第六节　搬　运　技　术

搬运是现场急救的重要内容，是关系到伤者能否安全到达医院而获得全面有效救治过程的重要环节。无论是将伤者从受伤现场搬出，还是现场救护后，用救护车等护送到医院，都需要救护人员掌握正确的救护搬运知识和技能。为了能迅速、安全地将伤员搬运到救护机构，使伤员得到及时的救治，救护人员在抢救中必须熟悉各类伤员的搬运方法，选用各种就便运送工具，做好伤员的搬运工作。

一、搬运方法

（一）单人搬运法

适用于轻伤员。常用的方法有：掮法、背法、抱法、腰带抱运法，如图 5 - 9 所示。

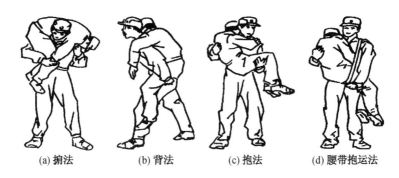

(a) 掮法　　　　(b) 背法　　　　(c) 抱法　　　　(d) 腰带抱运法

图 5 - 9　单人搬运法

（二）双人搬运法

适用于头、胸、腹部受伤的重伤员。常用的方法有：椅托式搬运法、拉车式搬运法，如图 5 - 10 所示。

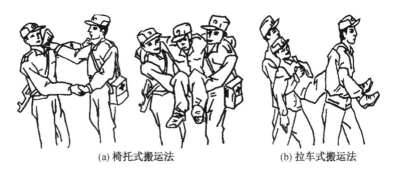

(a) 椅托式搬运法　　　　　　　(b) 拉车式搬运法

图 5 - 10　双人搬运法

（三）担架搬运法

担架是最舒适的一种搬运工具，是搬运伤员最常用的方法；只要条件许可，应尽量采用制式担架搬运法。

1. 不同损伤类型的担架搬运方法

（1）颈椎损伤。一般需 4 人搬运。先将担架放在伤员的伤侧，一人专管头部牵引固定，使头部与躯干保持直线位置，并维持颈部不动，其他三人蹲在伤员的一侧，一人抱住下肢，另外两人托住躯干。四人的动作要协调一致，防止颈椎弯曲。将伤员仰放在担架上，头部两侧放置沙袋固定。如已有脊髓损伤，则必须取除伤员衣服上和口袋里的一切硬物，并用软垫垫在骨隆起部下面，防止褥疮发生。

（2）胸、腰椎损伤。需 3~4 人搬运。一人托住肩胛部，一人托住腰臀部，另一人托住伸直而并拢的双下肢，协调一致地将伤员仰放到硬板担架上，腰下垫一个 10 cm 左右的小垫。如果担架是软的，则应置伤员于俯卧位。

2. 制作各种简易担架

在现场如果无法获取正规担架，可以就地取材（如桌面、门板、梯子、大衣等）制作担架，如图 5 – 11 所示，但不要用非刚性的担架运送疑似头部或脊椎受伤的伤员。

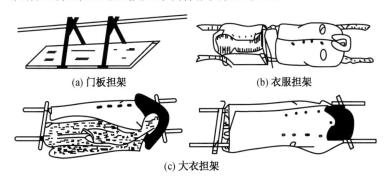

(a) 门板担架　　　　　　　　　(b) 衣服担架

(c) 大衣担架

图 5 – 11　各种简易担架

3. 途中担架运送的技巧

若在崎岖不平的地面或瓦砾堆中运送伤员，必须用双套结将伤员固定在担架上。在担架把手上打一个双套结，由此开始，在胸中部、臀部、髋部和膝下位置用一系列半结固定伤员。

担架需由至少4个人抬运，一般搬运者面对前进方向，伤员足部在前。当上坡、上楼、搬进救护车或搬上床时，则应头部在前。救援者中必须有人在搬运过程中一直观察伤者。

当通过不平整的地面时，应尽量保持水平。救援者要及时调整担架高度，以补偿地形起伏的影响。

如果地面不稳固，担架应由一排6~8人进行传递，而不是搬运者抬着担架在碎石上行走，尤其是当担架被放下的时候，因为这些时候捆绑伤员的绳子可能会绷紧。

在通过门口时，最前面的搬运者应移动到担架中间，让担架前端伸出到门外。救援者一个一个地通过门口，然后重新抬好担架。

搬运中要避免越过墙或者高的障碍物，哪怕这样做意味着需要走更长的路。必须越过墙时，应遵循下列步骤：①提高担架，将担架前把手支撑在墙头上，后面的人保持担架水平，前面的人这时越墙；②所有搬运者一同抬高担架，向前移动担架，直到后把手被搁在墙头上，随后，后面的人越过墙。

二、搬运注意事项

（1）搬运前，要尽可能做好初步急救处理。如情况允许，一般应先止血、包扎、固定后搬运。

（2）应根据伤情、地形等情况，选用不同的搬运方法和运送工具，确保伤员安全。

（3）动作要轻而迅速，避免和减少振动。

（4）后送前要填写伤票,包括伤员的姓名、性别、年龄、住址、负伤地点和挖出时间、受伤部位,有无大出血和休克、骨折等。

第六章　现场战勤保障技术

第一节　救援行动基地规划

一、整体规划

现代地震灾害救援的理念不仅要求救援队能够对受灾人员实施安全、快速、高效的搜索和营救，而且对救援队自身的供给、保障等支持能力也有较高的要求，这是因为灾后现场的各种资源、设施受到不同程度的破坏，已难以保证外部救援人员的有关需求。因此，在抵达灾害现场的第一天，救援队一般都会建立自己的救援行动基地，使其在现场行动期间所需的各种保障与支撑条件得到保证，从而为救援行动的成功奠定基础。

大规模地震救援行动中，会有本地或外部多支救援队参与救援行动。当地应急管理机构和现场行动协调中心将根据灾害状况、本地资源支持条件、救援任务的需求、救援队数量及性质等情况，首先对救援行动基地的建立进行整体规划。

从近年来国际救援行动的现场组织情况看，救援行动基地的整体规划一般采用三种模式：集中、分散、集中与分散结合模式。

（一）"集中"模式

将所有参与行动的救援队安排在距受灾现场较近的某一安全区域，各救援队的基地相邻而设，现场行动协调管理机构也设立在此区域内；由当地紧急管理机构集中提供燃油、生活水等物资。例如 2003 年 12 月 26 日伊朗巴姆地区地震，中国国际救援队救援行动中就采取此种模式。

此模式适用于人员伤亡严重、受灾地域较集中且面积不大、救援队数量多且通信不畅的情况。当现场协调管理中心不能建立与多支救援队有效的通信联系时，此模式可便于救援行动的统一协调管理、信息发布和救援任务分派。其缺点是救援队从基地到达搜救场地往往需花费一定的时间，尤其在没有充足的交通工具时，会使救援人员无谓地消耗体力。

（二）"分散"模式

一支救援队在执行救援任务的场地附近选择安全地点建立自己的基地，并储备较充足的燃油与生活用水等物资。当转移到另一相距较远的地点时，基地也随之移动。

此模式适用于受灾地域分布广而人口聚集地较分散、救援队数量不多但功能齐全的情况，要求有充足的交通运输装备和有效的通信联络系统提供保障。当救援队之间需要相互协调援助时，其效率受限于彼此的距离。

（三）"集中与分散结合"模式

此模式是上述两种模式的结合，可视具体情况有不同的表现形式：如一部分救援队集中在某一区域建立基地，其他则单独分散在较远的灾害场地；对于受灾害影响范围较大的大中城市环境，则可先划分几个灾害区域，每个区域由几支救援队集中在一起建立基地。

二、救援行动基地组成

救援行动基地是救援队在灾区的指挥地和条件保障地，救援队员可能在此度过最多两周的时间。在此期间，救援行动基地应具有为救援行动指挥、通信联络、医疗急救、装备存放、队员生活等提供支持的功能。

救援行动基地通常由基地功能区、基地装备、基地运转及保障人员三部分组成，如图 6-1 所示。

在救援行动基地内，应设置的主要功能区有指挥部、医疗救

图 6-1　行动基地示意图

治区、搜救装备区、饮食供给区、休息区、洗漱区、搜索犬区、车辆停放区等，功能区的大小与分布应根据基地场地情况、救援队的具体需求进行调整或删减。

　　基地装备是后勤保障装备的一部分，是指用于基地建立、维持基地运转和保障队员生活供给等装备。

　　基地运转及保障人员包括基地内专用功能区的值守人员、负责维持基地正常运转和生活保障的人员。基地保障一般应设置基地保障负责人、基地装备管理员、安全值班员、生活供给员等岗位，其数量根据基地规模及保障工作的需要确定。

第二节　救援行动基地建立

一、基地场地选择

　　在救援队向灾区行进途中，如有可能，应派遣先遣队先期抵达灾区，与现场指挥部、当地应急管理机构联络，协商救援队行

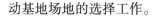

动基地场地的选择工作。

救援行动基地场地的选择应对如下内容进行评估。

（1）是否为现场指挥部和当地应急管理机构提供的地点。

（2）区域大小是否满足需求。

（3）是否有安全保障。

（4）是否靠近救援现场。

（5）进出运输路线是否快捷、安全。

（6）周围环境情况：如高空有无高压电线、相邻建筑物的稳定性等。

（7）场地情况：如地形地貌，在此建立基地所花费的时间是否足够短，有无可能在降雨后被水淹没等。

（8）当地资源支持情况：如水源、装备燃料、车辆、人力等提供的可能性等。

（9）通信方面的问题：如地形对其有无不利影响等。

经评估并最终确定救援行动基地场地后，用图文方式记录评估结论。

选择行动基地的地点时，应考虑以下情况：①应选择属地应急管理部门指定或建议的位置；②区域面积（建议大于 50 m × 40 m）；③宜设置安全保卫人员；④宜邻近属地抗震救灾指挥部门和救援工作场地；⑤宜交通便利；⑥周边环境，如受灾风险，路面、排水情况等；⑦应尽量紧邻后勤物资补给资源；⑧应保证通信通联效能。

决定行动基地地点的因素包括：①场地周围自然环境；②场地周围社会环境；③场地面积与地面情况；④运输条件；⑤通信条件；⑥电力条件；⑦后勤资源补给。

二、功能区布置

根据救援队的人员、装备、后勤物资、车辆和行动实施的需要，计算各功能区的占地大小，并绘制基地功能区平面布置草图。

救援行动基地规划的一般原则如下。

（1）根据使用性质分为两大部分：一部分为工作功能区，如指挥部、医疗救治区、搜救装备区、车辆停放区、基地进出口；另一部分为后勤功能区，如饮食供给区、休息区、洗漱区、厕所、搜索犬区（搜索犬区可位于两部分交界处）等。上述分区能良好地保证搜救行动的效率和队员休息的效果。

（2）基地的进出口（大门）应面向道路一侧，根据需要可单独设置进口与出口。

（3）基地内如有道路，则应通抵医疗救治区、搜救装备区及车辆停放区。

（4）队员生活区尽量位于基地内噪声最小的地段，卫生场所位于生活区一角的外侧。

（5）搜救装备区占地面积应足够大，以利于装备取用、维护和装卸。

（6）发电机和燃料桶的放置应充分考虑噪声影响、维护方便和安全性等。

场地条件允许情况下救援队行动基地的功能区布置示意图如图6-2所示。

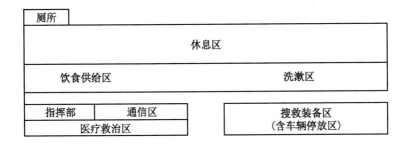

图6-2 基地的功能区布置示意图

行动基地整体搭建布局示意图和局部指挥区域示意图如图 6-3、图 6-4 所示。

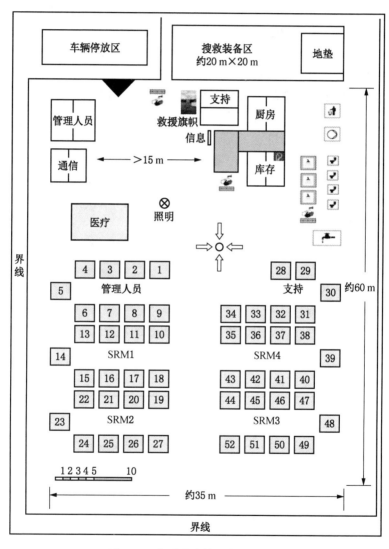

图 6-3　行动基地搭建布局示意图

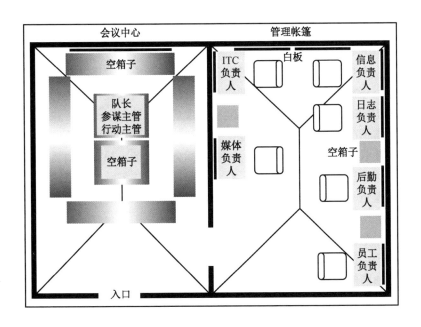

图6-4　行动基地指挥区域示意图

三、基地搭建

救援队抵达灾区后，除及时接受任务和实施搜救行动外，还应分派部分人员根据基地功能区布置草图进行救援行动基地的搭建。

基地区域的标记是指用警示带或绳等在基地边界处进行围护，以防止无关人员随意穿越基地；救援队的标记，如旗帜可悬挂在旗杆或基地进出口一侧的帐篷外壁上。基地区域与救援队的标记工作一般在基地建立开始时进行，如场地形状不规则，也可在功能区搭建之后进行，但要注意保持搭建过程中的安全警戒。

各功能区帐篷及其内置装备的搭建顺序可根据具体情况确

定。当一个功能区搭建完成后，应在帐篷外面进行标记、编号，并注明责任人的姓名；对于队员生活区的帐篷，应标明在此住宿队员的姓名或编号。

在功能区装备架设安置中，通信系统除完成现场安装、调试外，还需进行其功能检验工作，如检验基地与远程指挥协调管理机构的通信联系情况、和灾区救援现场通信的有效范围，并制定异常情况下的应急通信措施；对于搜救装备，除清点、检查和合理摆放外，还应重新组装因运输而拆分的装备，补充机动装备燃料，对压缩气瓶进行充气，并建立现场搜救装备的记录档案；基地保障人员应准确了解燃料、水等现场后勤资源的提供地点和时间等信息。

基地搭建中的另一项重要工作是建立供电系统，包括发电机、电缆、照明装备（场地和帐篷内）、电源插座的布设，估算基地照明、通信、生活供给电器及其他用电装备的功耗和使用规律，合理地选择发电机型号和数量；发电机安置后应检验其噪声对基地运转的影响程度，场地照明装备的安置应考虑其有效照明区域；同时，须采取必要的安全用电措施。

基地搭建完成后，应重新修改或绘制基地平面位置图并在图上标注编号和标记，并向所有队员说明基地布置、功能和有关责任人以及基地安全方面的管理要求、规定等。

第三节　救援行动基地运维

一、基地运维定义

基地运维是指在基地建立后和基地撤离前的基地各功能区的有效运行。基于灾后现场各种资源、设施等受到不同程度的破坏，难以保证救援行动的有关需求和救援人员的后勤保障，现代城市搜索救援理念不仅要求救援队能独立开展搜救行动，而且还必须在一定的时间段内具有较高的自身条件保障能力。因此，在救援队抵达灾害现场后，一般都会根据救灾需求建立各自的救援行动基地，保障救援行动顺利实施。

救援行动基地是救援队在灾区的指挥和后勤保障中心，救援队员可能在此度过两周的时间。救援行动基地应成为救援行动指挥、通信联络、医疗急救、装备存放、队员生活等支持与保障场所。根据救援行动的需要，基地各功能区应设置专门的岗位和适当数量的值守人员，以保证现场救援期间救援队行动基地内的各项工作有序进行。

救援行动基地各功能区运维要点。

（1）指挥部：救援队指挥部与通信中心所在地。

（2）医疗救治区：救援队员、搜救犬医疗服务处。

（3）搜救装备区：救援队的全部搜索和营救装备的存放、维护场所。

（4）饮食供给区：食品、水等存放、供给及加工处理场所。

（5）休息区：队员休息、住宿的地方。

（6）搜索犬区：搜索犬养护地。

（7）车辆停放区：车辆及运输装备停放地和燃料供给地。

（8）基地进出口：人员、车辆进出口，一般与车辆停放区相邻。

二、基地运维装备及其功能

基地运维装备是指用于基地建设、维持基地运转和保障救援队员生活供给等所需装备和器材。

基地运维装备及其功能主要包括以下七方面内容。

（1）标记器材：警示带、绳及其支杆，旗帜及旗杆等。

（2）营地帐篷：分为专用帐篷和后勤保障帐篷两种，专用帐篷如指挥部帐篷、通信帐篷、医疗急救帐篷、犬帐篷等；后勤保障帐篷如食品加工及供给帐篷、库房帐篷、队员住宿及休息用帐篷等。各类帐篷除具有所需的功能外，还应能够适应灾区的气候变化。

（3）动力照明装备：包括发电机、场地照明装备、帐篷内照明装备等。

（4）办公装备：基地通信装备、计算机、打印复印装备和办公用品等。

（5）生活供给装备：饮食处理器具、洗漱用水袋、饮食物资（应考虑灾区的生活风俗，包含犬食）、供暖装备等。

（6）环境卫生装备：垃圾袋（箱）、便携式厕所等。

（7）安全器材：如灭火器材等。

三、基地安保措施

基地安保是指基地建立至撤离前各功能区有效开展工作，为救援行动提供优质服务和后勤保障。基地安保措施是指为保证基地正常运转所需的支持性工作，包括电力供应、队员生活供给、环境保护、基地安全等内容，由基地保障人员负责完成。

电力供应是指为通信、基地照明和生活供给等用电装备提供充足的电力，应定时检查发电机的工作状况、燃料消耗和供电线路损坏等情况。

队员生活供给是救援人员的饮食、卫生、休息等方面的保障，是保持搜救队员良好的信念、健康状态和保证搜救行动成功的关键因素。

环境保护是指保持基地清洁和减轻对环境的污染，体现了救援人员的文明素质和救援队的良好形象，因此，建立基地环境卫生制度是十分必要的。

基地安全是基地正常运转的基础，主要包括基地装备的使用安全和装备保存安全。基地装备的使用安全可通过正确使用和安全巡检来保证，装备保存安全应通过安全值班人员的 24 h 轮换值守来保证。主要的巡检、值守任务包括以下四个方面。

（1）动力照明系统应为通信、基地照明和生活等提供充足的电力。值勤人员应定时检查发电机的工作状况、燃料消耗和用电设备等情况。

（2）向救援人员提供优质饮食、舒适休息环境，保证队员以良好的心理和健康状态开展搜救行动。

（3）保持基地清洁和尽量减轻对环境的污染；保障救援人员身体健康，同时也体现救援队的文明素质和良好形象。

（4）正确使用和安全巡检各功能区设备，做好救援物资防火防盗和高耸设备（如通信天线、旗杆、照明灯）在雷雨季节的防雷措施。

第四节　救援行动装备集成与配备

一、装备总体集成原则

灾害现场搜救行动装备是实现高效救援的重要基础保障。地震灾害现场搜救的主要任务是搜救因地震灾害而被困在倒塌建筑物或其他结构物内的人员，因此，其主要救援行动是破拆、顶升、支撑建筑物和移动或移走救援通道和空间的瓦砾，接近并救出被困人员。消防救援行动以灭火和利用绳索、梯子等救援工具营救被困人员为主。无论何种灾害救援行动都对救援装备有共同的基本要求，即救援装备质量轻、体积小、操作便捷，适合狭小空间使用，对环境污染要小。

救援行动装备集成是一项技术性极强的工作，装备集成人员必须充分了解救援行动装备的性能和用途，持续跟踪装备的发展动态，熟悉灾害救援工作和救援需求。救援行动装备集成原则如下。

（1）根据救援队的使命、规模和救援能力要求制定救援行动装备集成计划。

（2）充分了解新型救援行动装备的技术参数，及时引进最新的高性能救援行动装备。

（3）充分注意救援行动装备的兼容性。

（4）救援行动装备集成除满足搜救行动需要外，还必须保证救援队日常训练和储备要求。

（5）严格执行救援行动装备使用与报废制度。

（6）装备集成应兼顾救援现场可能调用的大型机械化装备。

二、各模块装备集成原则

救援行动装备集成除制定装备集成方案、购置装备外，还应包括提供装备技术规格在内的操作和维护技术文件，对于特殊装备的使用应组织制造商或供货商提供技术培训。后勤保障部门应对工具、装备、器材储备进行分类造册，建立健全数据库和跟踪系统，进行日常维护保养，制定灾害现场搜救行动的装备及器材分类、集成、装箱和配发预案。根据国内外城市搜索救援队的经验，按照重型救援队伍的能力要求编制救援装备集成方案，保证每班 25～30 个救援岗位同时开展救援工作，连续 7 天实施救援行动。

（一）营救装备集成原则

（1）营救装备集成应保障 4 个技术营救组（每组 1 名指挥员、5 名救援人员）12 h 连续工作所需要的救援装备和工具。

（2）营救装备集成应满足狭小空间救援对工具的尺寸、重量、可操作性和适用性等各种救援活动的要求，如可能，救援工具应适应多种动力。

（3）营救装备集成应具有垂直和横向穿透混凝土构件的能力。

（4）营救装备集成应具有切割钢筋混凝土、钢构件、预应力构件和木质材料的能力。

（5）营救装备集成应具有累计起重能力不小于 2000 kN 的能

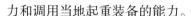

力和调用当地起重装备的能力。

（6）营救装备集成应具有加固、支撑建筑物构件和救援空间的能力。

（7）营救装备集成应具有建立垂直升降绳索系统和转移绳索系统的能力。

（8）营救装备集成中的消耗器材（锯片、过滤器等），必须满足工作 7 天的任务需要。所有集成的营救装备应能在灾害环境下比较容易维护。

本装备集成不包括不能重复使用的支撑材料（木材、钢管等）和装备运输车辆。

（二）技术和搜索装备集成原则

（1）技术装备集成应满足结构工程师鉴定建筑物危险性所需要的定位（GPS）、测量工具和检测所需仪器装备的要求。

（2）技术装备集成应保证有毒有害物资和安全检测工作需要。

（3）搜索装备集成应保证物理搜索的需要。

（4）搜索装备集成应具有对废墟下面幸存者定位和监视的能力。

（5）技术和搜索装备集成应包括灾害现场仪器的校准、维修工具和充电装备。

（6）搜索装备集成应包括搜索犬的养护、运输等器具。

（三）医疗装备集成原则

（1）医疗装备集成应保证 2 名有经验的医师和 4 名医务人员对倒塌建筑物内被困者进行紧急医疗处置的需要。

（2）医疗装备集成应保证对 70 名救援队员和搜索犬提供基本治疗的需要。

（3）集成的医疗装备（包括除颤器、监控器等耐用装备）、器材和药品数量应满足在救援期间需要救治的重伤员 10 人，中度伤员 15 人和轻伤员 25 人的要求。

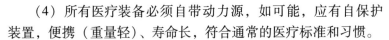

（4）所有医疗装备必须自带动力源，如可能，应有自保护装置，便携（重量轻）、寿命长，符合通常的医疗标准和习惯。

（四）通信装备集成原则

通信装备集成是基于整个救援队的全部通信要求制定的，它必须能覆盖救援场地内的多个分散救援场点。通信系统无线电频率应是可调的，并且必须符合地方规定和穿越建筑物或以下级别环境的要求。通信装备集成要满足如下救援行动的通信要求。

（1）救援队员之间的有效通信。

（2）救援队领导与救援组和救援队员的通信。

（3）救援队领导与当地政府和灾害指挥部门的通信。

（4）救援队与国内或国际的通信。

（5）通信装备在救援行动始发地向相关救援人员发放，救援人员在执行救援任务期间负责使用，任务结束后返回到集结地时交回。

（五）后勤装备集成原则

（1）后勤装备集成应支撑救援队基地的动力照明、饮食、水净化、帐篷、警械等正常运行。

（2）后勤装备集成应保证包括救援行动装备在内的全部装备的维护保养。

（3）后勤装备集成必须满足至少 72 h 救援行动自给自足的需要。

（4）后勤装备还包括未列入上述装备集成中的器材或物资。

（六）个人装备集成原则

（1）个人装备集成应包括个人防护装备、制服等和执行任务期间应对极端气象因素的附加装备。

（2）救援队员所负担的个人装备重量应限制在 30 kg 以内。

（3）个人装备必须坚固（防割、阻燃）、耐用、穿着舒适，并且适合在恶劣环境下工作。

（4）所有个人防护装备必须满足国家相关的安防标准或关

于城市搜索救援队员的防护服、头盔、手套和鞋等要求。

三、救援行动装备配备

救援行动装备配备是指为特定的救援行动所准备的全部救援装备和工具。救援行动装备配备主要依据地震对代表性建筑物的破坏程度、救援任务和救援行动规模、灾害现场可调用的资源情况和各救援专业的特殊要求等确定。救援行动装备配备按照以下原则。

（1）充分依据所收集到的极震区房屋建筑物结构特点和破坏程度等地震灾害信息。

（2）拟派出救援队的规模和救援能力要求，除满足派出人员救援工作需要外，仍需有适当的备用。

（3）考虑可能在救援现场调用的重型装备或器材。

（4）生活物资配备要尊重救援地的人文和风俗。

救援行动装备配备时，要总结各次地震灾害救援所面临的建筑物结构、用途、破坏程度和救援需求等经验，地震灾害救援装备配备要求在满足装备配备基本原则的基础上，应根据具体情况灵活掌握。

第五节 灾害现场救援通信保障

一、灾害现场救援通信保障策略

通信装备、通信程序、通信技术人员是灾害现场救援通信保障的主要组成部分，能为救援人员实施灾害救援行动提供包括指挥命令、图像、数据等信息传输的技术保障。无论国内还是国际地震紧急救援行动，其通信工作都应包括以下内容。

救援行动启动与人员集结的通信，利用程控电话、GSM 电话或短信和寻呼系统进行救援人员快速集结和启动并迅速进入应

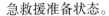

急救援准备状态。

行动途中的联络通信，利用 GSM 电话、车载卫星通信系统与灾害现场、后方指挥中心通信。

救援现场的通信，是紧急救援中的主要通信工作。在灾害救援现场，主要有三种形式的通信，这三种形式的通信不能互相干扰，不能随意混淆。另外，所用的现场通信装备必须保证通信畅通、安全可靠，而且能适应各种恶劣环境条件。

（一）救援现场救援小分队内部通信

救援现场救援小分队内部的通信指搜救小队长和队员之间以及各个队员之间的通信联系，其通信方式主要为语音通信。此种通信是救援行动中最重要的通信，因为救援现场的危险性最大，此时队员间通信的主要目的是保证现场救援工作的有效配合及安全。正确地选用救援现场的通信装备和通信程序，不仅能够在救援行动中节约大量的时间，还会极大地增强救援行动的安全性。

当救援队员位于压埋的空间或深入被破坏的建筑物内部时，救援队员和负有安全职责的小分队队长之间的通信对保障救援人员的安全十分必要。尤其是地震现场存在余震或其他不可预知的变化的情况下，在内部工作的队员不能及时了解外部情况并采取相应的保护措施（如从安全路线撤退等），可能会导致队员的意外伤亡。

此种形式的现场通信，可采用的方法有以下三种。

（1）对于在倒塌建筑物表面进行搜救的现场，可采用无线电台（对讲机）或鸣哨发送紧急信号的方式进行紧急通信。一般无线电台设为 UHF（超高频）频段，因为该频道的无线电波能够较好地穿透一定厚度的建筑物结构。

（2）当无线电台在有些建（构）筑物环境下不能有效通信时，如在地下巷道或管道内等狭小空间搜救时，可选用一种有线通信装备 CON – SPACE2000 来保证通信。

（3）在无上述装备或以上两种方法都不能保证良好通信的

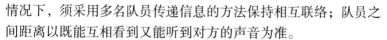

情况下，须采用多名队员传递信息的方法保持相互联络；队员之间距离以既能互相看到又能听到对方的声音为准。

（二）救援现场负责人与救援行动基地指挥部间通信

位于救援行动基地内的救援队指挥部需要了解派出的搜救小分队在倒塌建筑物场地的工作进展情况以及是否需要支援；而现场搜救小分队负责人也要直接向指挥部报告、请示。为此，搜救小分队队长需要独立的无线通信信道与指挥部联系。

对于具备重型救援能力的救援队而言，派出的搜救小分队可能不止一支，因此，各搜救小分队与救援行动基地指挥部的通信信道不宜共用。

救援现场与指挥部之间的通信通常采用无线电台（可以选用 VHF 或 UHF 频段）、有线电话、海事卫星等。

（三）行动基地与灾害现场指挥部间通信

当救援队需要未随队的有关专家支援时，可从救援基地向远程指挥中心发出请求。如果救援基地的通信系统能够再分离出一个无线信道，并与远程指挥中心建立联系，那么就大大提高了救援行动的效率。根据基地到远程指挥中心的距离和现场通信装备，来确定相应的通信方式。

综上所述，适合灾害紧急救援的通信系统应具备灵活性和一致性，简单的无线电台通信系统通常存在信道隐患。为消除此种隐患，救援队一般采用集群通信系统。通过配备移动通信车的方法，将所需的各种通信装备（GSM、集群、卫星等）和供电装备集成到越野性能良好的车辆上，并在车上安置一定高度的气动升降天线架，作为一个移动中继站来增强其集群通信覆盖半径。通常，随队出动的通信车会停放在行动基地内，可以根据特殊需要将车开到适当的位置。

另外，对于现场指挥部或当地应急管理机构，也必须配备一套足以覆盖救援行动区域的无线通信系统，在接待处发给各救援队通信负责人一台终端装备，以便在救援行动期间与各救援队通

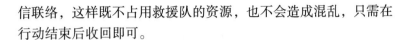

信联络，这样既不占用救援队的资源，也不会造成混乱，只需在行动结束后收回即可。

二、灾害现场救援通信保障程序

在灾害环境中，有效的通信保障对于救援人员的安全和成功救援是至关重要的。无论是在各救援队之间，还是在救援队内部、救援队与其指挥部之间，通信工作都直接关系到灾害现场救援行动的有序实施。例如，随意的通信联络可能造成信道资源拥堵，使信息传递不畅并贻误救援时机，含混模糊、易造成误解的不规范言语有可能导致错误的行动。因此，必须采用统一规范的通信程序，所有救援人员都应遵照执行。对于一支国际救援队而言，其通信程序还应与国际救援领域通行的程序接轨。

通信程序包括现场紧急信号发送程序、语音通信程序、集群通信管理等。

（一）现场紧急信号发送程序

通信工程师要制定一个正式的通信计划。这个计划能够划分出命令、策略和特殊的无线频道，还应该有一个操作人员对外获取资源、支持和安全信息的联络信道。该计划应该作为救援计划的一部分。

有效的紧急信号发送程序对于灾害现场中救援人员的安全是十分必要的。紧急信号必须简洁、清晰，便于现场救援人员识别。

空气喇叭、汽车喇叭、哨子、个人报警等安全装备和广播中的声音都是很好的信号。救援行动开始前，应明确相关信号的发送方式与响应要求。当在工作地点涉危涉险时，便可以利用相关信号提示。

（二）语音通信程序

每一次语音通信（如使用对讲机）均应遵循如下程序，见表6-1。

表6-1 语音通信程序表

步骤	行　　为	目　　的
1	听	① 保证你的信号传送不会干扰其他人的通信； ② 了解其他正在进行的事情
2	想（发送信号前，想一想你要说什么）	① 要有效地传达你的想法； ② 仅在需要信号传送时使用
3	呼叫（应给出：①呼号或被呼叫站的代号；②"这是某某"；③呼号或呼叫站的代号）	① 代号应清晰明了，便于理解； ② 首次呼号呼叫时，应复核代号
4	通信（讲话清楚；重复关键词）	① 要容易理解； ② 要快； ③ 避免含混； ④ 要精确
5	在如下情况，使用字母语音学的发音： ① 呼号； ② 呼叫站确定； ③ 拼不常用的字或名字	① 要清晰； ② 要精确； ③ 要快； ④ 要便于理解

（三）集群通信管理

集群通信是救援队在灾害现场使用的主要通信方式，可实现现场救援所需的调度指挥、联络和数据传输功能。

集群通信管理是指呼叫权限、用户编号、呼叫功能设计等，应根据救援队的机构组成、人员数量、岗位分配等情况进行集群通信管理方案的设计。

1. 呼叫权限

一般在移动终端初始设置中，系统会分配给每个用户一组明确的呼叫权限。这些权限包括接入程控电话的呼叫、优先等级、集群和编组组合、数据呼叫和漫游功能。

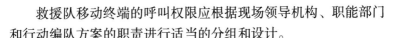

救援队移动终端的呼叫权限应根据现场领导机构、职能部门和行动编队方案的职责进行适当的分组和设计。

2. 用户编号

无线通信信令规范包括 MPT – 1327 与 MPT – 1343。MPT – 1327 定义了移动终端装备与系统基站之间的空中接口规范，MPT – 1343 则定义了移动终端装备与用户之间的接口规范，它是为了便于用户更好地使用系统而制定的编号方案。用户以 MPT – 1343 的编号方式发起呼叫时，将在移动终端内转换为 MPT – 1327 的编号方式（信令）发射出去。

3. 呼叫功能设计

集群系统的呼叫功能可分为单呼、组呼、全呼、广播呼叫、电话互联呼叫、优先呼叫、紧急呼叫、呼叫转移和状态信息呼叫。

救援队集群通信系统的各种呼叫功能应根据工作需要、呼叫性质等进行明确细致的规定，避免出现呼叫阻塞、相互干扰及越权等情况。

三、灾害现场救援通信保障工作内容

根据紧急救援行动的五个阶段，通信工作的内容如下。

（一）救援行动启动与救援队集结

（1）为执行任务的救援队各部门联系成员提供通信保障。

（2）对所选定的通信装备进行清点检查。

（3）确保通信系统装备装在专用箱内，并从启动地点顺利地运送到目的地或灾害现场。

（4）发给相关人员无线通信装备，确定分配的频点，明确其责任和使用、保管要求，确保其了解在航空运输工具上无线装备使用方面的禁令，根据需要对无线电台编程。

（5）如果未预先分配，则使用救援队的默认频率。

（6）收集灾害现场通信能力方面的有用信息，包括灾害现

场的无线电频率分配。

（7）与后勤专家协调通信装备的优先装载次序。

（8）在从启动地点前往目的地过程中，保证救援队员间便捷的通信联络。

（二）运输途中

（1）提供救援队长与行动指挥中心、地震灾害现场的通信联络。

（2）与队长协商救援队的通信方案。

（三）灾害现场

（1）与条件保障专家协调通信装备的装卸和运输。

（2）协助架设通信装备，并保证安全。

（3）参与建立救援行动基地的场地选择。

（4）与灾害现场条件保障机构的通信负责人协调、商定通信程序。

（5）从灾害现场条件保障机构了解需求策略、指挥命令和协调通信频点等。

（6）在救援行动基地内选择符合良好通信条件的地点建立指挥通信中心。

（7）为救援队建立通信系统，确保救援队指挥中心与救援现场搜救队员的可靠通信；确保救援现场队员之间的通信畅通；确保救援队指挥中心与当地应急机构和现场指挥部的通信畅通。

四、灾害现场救援通信保障操作原则和注意事项

（一）通信保障操作原则

（1）评估当地已有的基本通信设施，如电话、移动电话、无线网资源等。

（2）在没有灾害支持保障机构的情况下，维持与当地灾害管理机构的联络。

（3）制定通信计划中队员通信概要。

（4）制定在医疗急救过程中的通信使用程序。

（5）确定通信中心覆盖范围及实现策略。

（6）保证通信装备和支持器材满足安全性和环保性要求。

（7）确保通信工作区内无危险（如电缆接地等），对不可移动的装备进行危险警示标记。

（8）建立卫星通信系统的优先使用次序，监控该系统的使用并进行登记。

（9）确定具有其他可协助行动的通信系统，如业余无线电等。

（10）根据需要，建立基地内部和远程工作区的电话系统。

（11）与条件保障工程师协调，评估通信装备系统的电力需求，确保通信装备的不间断供电。

（12）监控电源和电池的供电状态，根据需要调整使用次序。

（13）检查救援队的行动计划；提出通信方面的建议，为每次行动提供合适的通信方式。

（14）如果需要，向当地通信部门负责人要求额外的频点。

（15）确定监控救援队的通信是否符合既定的程序。

（16）根据需要维护通信装备。

（17）标记并记录故障装备以备返回后修理。

（18）提供电池等危险物质的安全处置措施。

（19）保证与当地政府和救援现场负责人的正常通信。

（二）通信保障操作注意事项

（1）通信装备的配备基本原则如下：保证有关人员之间的有效通信；保证救援队长与当地协调管理机构的通信；备用部分通信装备，以在故障或意外情况发生时进行更换；远程通信装备应满足救援队与后方指挥中心的联络。

（2）指挥部通信系统必须能覆盖救援队执行任务区域的全部工作场地，通信系统必须具有多信道，无线通信应能穿透结构物且适合在恶劣环境条件下使用。

（3）现场通信系统的操作与维护由通信工程师负责，无线通信装置和中继器必须能在现场编程（但不允许队员编程）。

（4）通信装备一般不在现场修理。

参 考 文 献

［1］联合国人道主义事务协调办公室（OCHA）．国际搜索与救援指南
（2020）［M］．中国地震应急搜救中心，编译．北京：应急管理出版
社，2024.

［2］贾群林，刘鹏飞．突发公共事件的应急指挥与协调［M］．北京：当代
世界出版社，2010.

［3］中华人民共和国应急管理部．地震灾害紧急救援队伍救援行动　第1
部分：基本要求：GB/T 29428.1—2012［S］．北京：中国质检出版
社，中国标准出版社，2012：12.

［4］中华人民共和国应急管理部．地震灾害紧急救援队伍救援行动　第2
部分：程序和方法：GB/T 29428.2—2014［S］．北京：中国质检出版
社，中国标准出版社，2014：12.

［5］中华人民共和国应急管理部．社会应急力量建设基础规范　第2部分：
建筑物倒塌搜救：YJ/T 1.2—2022［S］．北京：应急管理出版社，
2022：9.

［6］贾群林，贾思萱．地震救援中救援及医疗技术基地化训练的实践与探
讨［J］．中华灾害救援医学，2013，1（1）：7-10.

［7］贾群林．地震应急救援培训的组织与管理［M］．北京：地震出版社，
2014.

图书在版编目（CIP）数据

地震灾害现场搜救行动技术／周柏贾，肖磊，张煜
主编．－－北京：应急管理出版社，2024
（灾难搜救技术指导丛书）
ISBN 978－7－5020－8953－5

Ⅰ．①地⋯　Ⅱ．①周⋯　②肖⋯　③张⋯　Ⅲ．①地震灾
害—救援　Ⅳ．①P315.95

中国版本图书馆 CIP 数据核字（2021）第 203982 号

地震灾害现场搜救行动技术（灾难搜救技术指导丛书）

主　　编	周柏贾　肖　磊　张　煜
责任编辑	闫　非　王一名
编　　辑	孟　琪
责任校对	赵　盼
封面设计	地大彩印

出版发行　应急管理出版社（北京市朝阳区芍药居 35 号　100029）
电　　话　010－84657898（总编室）　010－84657880（读者服务部）
网　　址　www.cciph.com.cn
印　　刷　河北赛文印刷有限公司
经　　销　全国新华书店

开　　本　880mm×1230mm$^1/_{32}$　印张　5$^3/_4$　字数　144 千字
版　　次　2024 年 12 月第 1 版　2024 年 12 月第 1 次印刷
社内编号　20211266　　　　　　定价　30.00 元